恋上园艺茶艺

常见花卉知多少

赵春莉◎编著

黑龙江科学技术出版社
HEILONGJIANG SCIENCE AND TECHNOLOGY PRESS

图书在版编目（CIP）数据

常见花卉知多少 / 赵春莉编著. -- 哈尔滨 : 黑龙江科学技术出版社, 2018.3
（恋上园艺茶艺）
ISBN 978-7-5388-9502-5

Ⅰ. ①常… Ⅱ. ①赵… Ⅲ. ①花卉－识别 Ⅳ. ①S68

中国版本图书馆CIP数据核字(2018)第014815号

常见花卉知多少

CHANGJIAN HUAHUI ZHI DUOSHAO

编　　著　赵春莉
责任编辑　闫海波
摄影摄像　深圳市金版文化发展股份有限公司
策划编辑　深圳市金版文化发展股份有限公司
封面设计　深圳市金版文化发展股份有限公司
出　　版　黑龙江科学技术出版社
地址：哈尔滨市南岗区公安街70-2号　邮编：150007
电话：（0451）53642106　传真：（0451）53642143
网址：www.lkcbs.cn
发　　行　全国新华书店
印　　刷　深圳市雅佳图印刷有限公司
开　　本　685 mm×920 mm　1/16
印　　张　13
字　　数　150千字
版　　次　2018年3月第1版
印　　次　2018年3月第1次印刷
书　　号　ISBN 978-7-5388-9502-5
定　　价　39.80元

目录 Contents

植物形态介绍

叶片种类

叶形

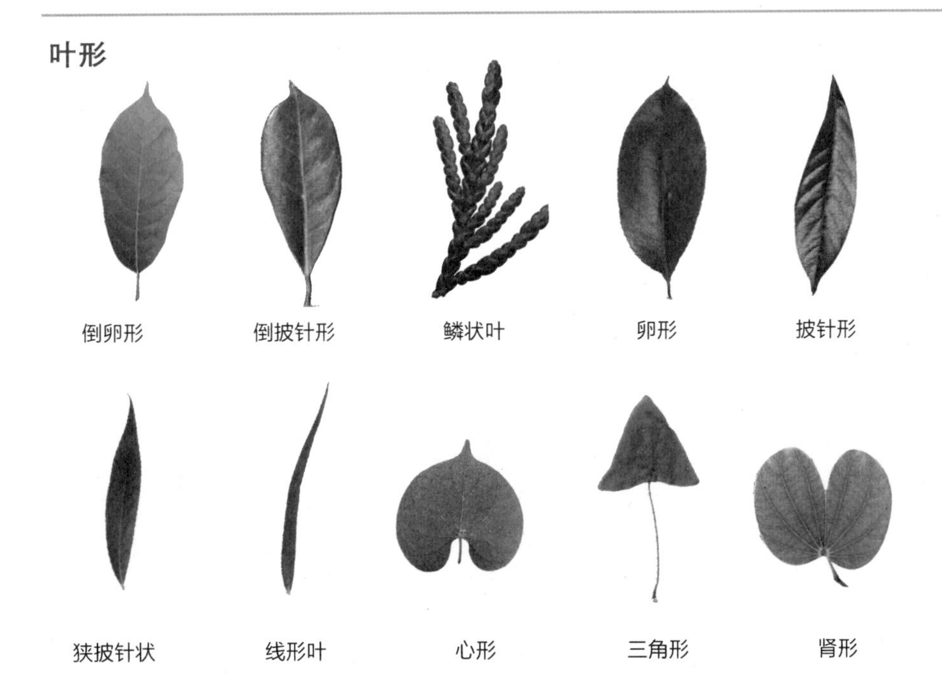

椭圆形

圆形

戟形叶

叶序

对生

互生

羽状复叶

掌状复叶

二回羽状复叶

轮生

偶数羽状复叶

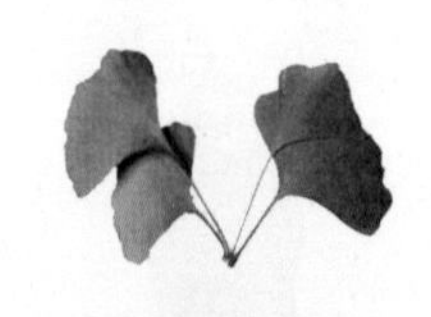

簇生

叶缘

波浪缘

锯齿缘

全缘

深裂

浅裂

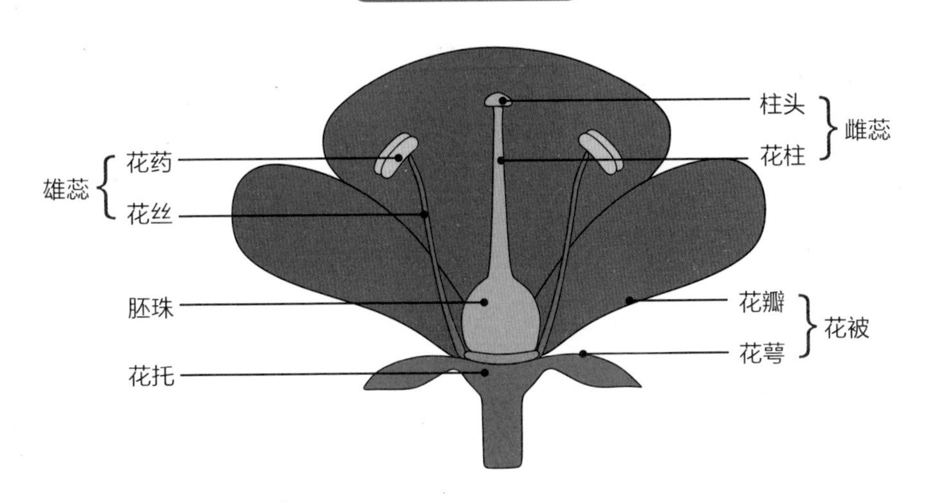
花朵组成结构
柱头
雌蕊
花柱
花药
雄蕊
花丝
胚珠
花瓣
花被
花萼
花托

花序

二球悬铃木花朵
伞房状花序
穗状花序
头状花序
总状花序
单生
聚伞状花序
葇荑状花序
舌状花
圆锥状花序

花型

唇形花

蝶形花

管状花

漏斗形

羽十字花

壶形花

钟状花

果型

浆果

核果

荚果

聚合果

蓇葖果

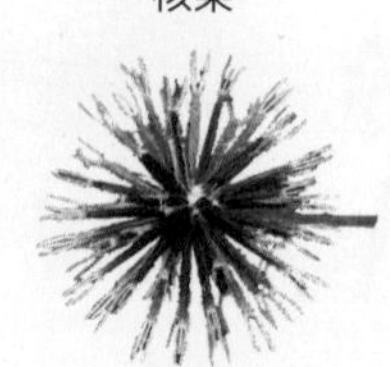

瘦果

蒴果

坚果

隐头花序果

球果

聚花果

翅果

遇见更美丽的花

每一朵花都有不一样的性格
就如每个人都有不一样的想法
走进花的世界
邂逅那朵一见钟情的花儿

补血草

Limonium sinense

参数 Data

科名：白花丹科

属名：补血草属

特征 Characteristic

多年生草本，茎的基部粗壮，多头分枝。叶基部呈莲花座状，叶片长圆状披针形。穗状花序排列成圆锥状或伞房状，穗轴呈棱形，花萼为漏斗形。

花期 Flowering

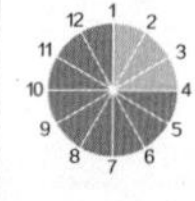

蓝雪花

Ceratostigma plumbaginoides

参数 Data

科名：白花丹科

属名：蓝雪花属

特征 Characteristic

半灌木，直立生长，地下茎分枝多，地上茎呈“之”字形弯曲。叶矩圆状卵形，全缘。花序上有很多花，但只有1~5朵同期开放，苞片长卵形，花冠前端有倒三角形裂片，花丝伸出。

花期 Flowering

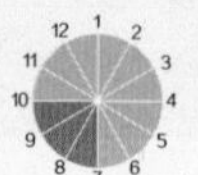

大花葱

Allium giganteum

参数 Data

科名：百合科

属名：葱属

特征 Characteristic

多年生球根花卉，鳞茎球形或半球形。叶近基生，倒披针形，灰绿色，叶缘无锯齿。花顶生，密集聚合呈球状，小花数量多。种子黑色。

花期 Flowering

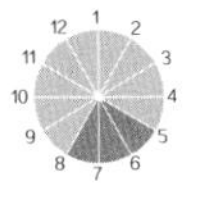

大苞萱草

Hemerocallis middendorffii

参数 Data

科名：百合科

属名：萱草属

特征 Characteristic

多年生草本。叶片线形，向外弯折，质地软。花梗较叶稍长，顶端簇生2~6朵花，花被长椭圆形，开花时外卷，花丝直立伸出。蒴果椭圆形。

花期 Flowering

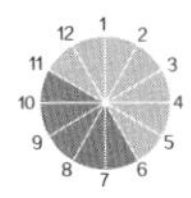

吊兰

Chlorophytum comosum

参数 Data

科名：百合科

属名：吊兰属

特征 Characteristic

多年生草本，有短且稍肥厚的根状茎。剑形叶绿色,或有黄色条纹。有花梗，常演变成匍匐枝；花白色，2~4朵生长在一起，组合成圆锥形。

花期 Flowering

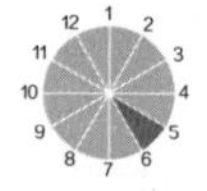

风信子

Hyacinthus orientalis

参数 Data

科名：百合科

属名：风信子属

特征 Characteristic

多年生草本，鳞茎近球形。叶比较厚，呈披针形。花生于顶端，总状花序顶生在花梗中间；上面密生横向生长的小花。色彩鲜艳。

花期 Flowering

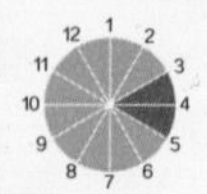

嘉兰

Gloriosa superba

参数 Data

科名：百合科

属名：嘉兰属

特征 Characteristic

攀缘草本，具肉质块茎。叶片披针形，先端延伸成长卷须。花单朵从叶腋抽出，稍下垂，有时会排列成伞房状，花被片开花时反卷，边缘呈皱波状。

花期 Flowering

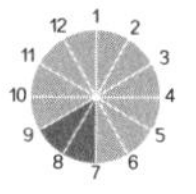

蓝苞葱

Allium atrosanguineum

参数 Data

科名：百合科

属名：葱属

特征 Characteristic

多年生草本，鳞茎圆柱形。叶呈管状，中空。花梗比叶稍长，圆柱形，花密生形成球状伞形花序，花被片矩圆状倒卵形，有光泽，较大。

花期 Flowering

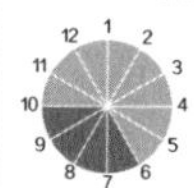

铃兰

Convallaria majalis

参数 Data

科名：百合科
属名：铃兰属

特征 Characteristic

多年生草本，全株无毛。叶片椭圆状披针形，前端急尖。花梗从抱茎的鞘中抽出，稍外弯。花钟形，前端开裂，裂片卵状三角形，苞片披针形。浆果稍下垂，红色。

花期 Flowering

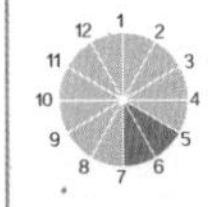

绵枣儿

Scilla scilloides

参数 Data

科名：百合科
属名：绵枣儿属

特征 Characteristic

多年生草本，鳞茎球形。基生叶狭线形，较柔软。花梗通常比叶长，总状花序，花被片倒卵形或近椭圆形，雄蕊生于花被片基部，比花被片还短。

花期 Flowering

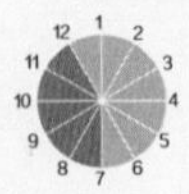

葡萄风信子
Muscari botryoides

参数 Data

科名：百合科
属名：风信子属

特征 Characteristic

多年生草本，有鳞茎。叶片线形，有点肉质感，暗绿色。花茎从叶中间抽出，花梗下垂，上面长满了串形小花。花冠像小坛，顶端紧缩。颜色种类多。

花期 Flowering

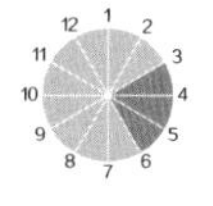

山丹
Lilium pumilum

参数 Data

科名：百合科
属名：百合属

特征 Characteristic

多年生草本，有白色鳞茎。叶片线形，互生。花单生或数朵聚集成总状花序，向下弯垂，花被片开花时向外翻卷，花丝伸出，花药黄色。

花期 Flowering

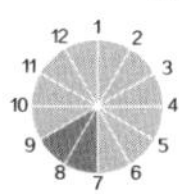

天门冬

Asparagus cochinchinensis

参数 Data

科名：百合科
属名：天门冬属

特征 Characteristic

攀缘草本，具纺锤形肉质块根。枝进化成叶状，镰刀形，常3片为一簇；叶退化成鳞片，基部延伸为硬刺。花2朵腋生，较小，花被片前端有裂片，裂片卵状三角形。

花期 Flowering

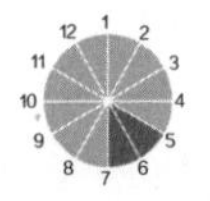

萱草

Hemerocallis fulva

参数 Data

科名：百合科
属名：萱草属

特征 Characteristic

多年生草本，有纺锤状的肉质根，叶片线形，全缘。花梗粗壮，从叶基部抽出，上有1~4朵花，苞片卵状披针形，外轮花被3片，长椭圆形，内轮花被稍宽，边缘皱褶状。

花期 Flowering

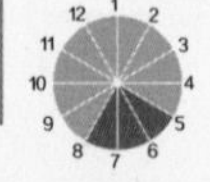

野百合

Lilium brownii

参数 Data

科名：百合科

属名：百合属

特征 Characteristic

多年生草本，有球形鳞茎。花通常单生在稍微弯曲的花梗上，喇叭状，有香气；花瓣乳白色，稍带紫色，没有斑点，向外张开或先端外弯而不卷。

花期 Flowering

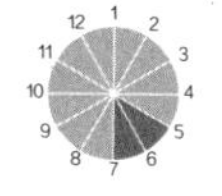

油点草

Tricyrtis macropoda

参数 Data

科名：百合科

属名：油点草属

特征 Characteristic

多年生草本，茎上有毛。叶片椭圆形，叶缘有糙毛。伞状花序的花序轴二歧分枝，花疏生，苞片小，花被片披针形，内有多个紫红色斑点，外轮花被开花后前端向外卷，内轮花被狭条形。

花期 Flowering

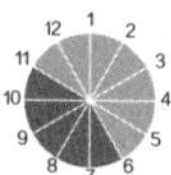

玉簪

Hosta plantaginea

参数 Data

科名：百合科

属名：玉簪属

特征 Characteristic

多年生草本，根状茎粗厚。叶丛生，叶片卵状心形，先端渐尖，叶缘呈微波状，叶表有明显脉络。花聚合顶生，外苞片卵状披针形，有香味。

花期 Flowering

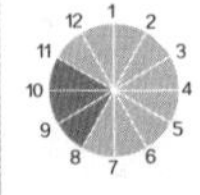

玉竹

Polygonatum odoratum

参数 Data

科名：百合科

属名：黄精属

特征 Characteristic

多年生草本，具竹鞭状肉质根状茎。叶片卵状椭圆形，互生。花单朵或4朵从叶腋抽出，苞片线形或近无，花被筒较直，前端花被片6片，张开。

花期 Flowering

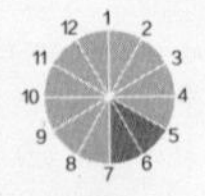

郁金香

Tulipa gesneriana

参数 Data

科名：百合科

属名：郁金香属

特征 Characteristic

多年生草本，鳞茎卵形。叶片条状披针形，革质。花梗从叶中间抽出，花单生顶端，大而艳丽，外层花瓣椭圆形，前端尖，内层花瓣较短，前端圆钝。

花期 Flowering

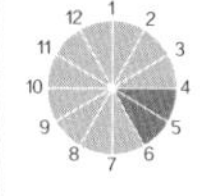

紫萼

Hosta ventricosa

参数 Data

科名：百合科

属名：玉簪属

特征 Characteristic

多年生草本，具根状茎。叶片卵圆形，先端骤尖。花梗较高，上有10~30朵花；苞片矩圆状披针形，花被管在开花时呈漏斗状扩大，雄蕊伸出。

花期 Flowering

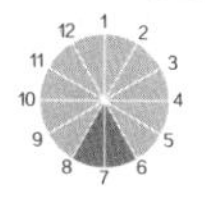

败酱

Patrinia scabiosaefolia

参数 Data

科名：败酱科
属名：败酱属

特征 Characteristic

多年生直立草本，有横卧的根状茎。基生叶片丛生，椭圆状披针形，叶缘有粗齿；茎生叶对生，羽状深裂或全裂。复伞房状花序顶生，上有多朵花，花冠钟形，裂片长圆形。

花期 Flowering

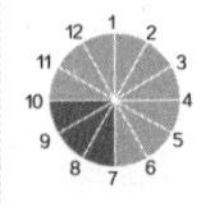

缬草

Valeriana officinalis

参数 Data

科名：败酱科
属名：缬草属

特征 Characteristic

多年生草本，有头状的根茎。除茎生叶外其余均在花期枯萎；茎生叶宽卵形，羽状分裂，裂片披针形。聚伞状花序顶生，常排列成圆锥形，花小，花冠裂片椭圆形。

花期 Flowering

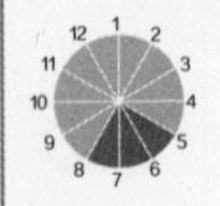

报春花

Primula malacoides

参数 Data

科名：报春花科

属名：报春花属

特征 Characteristic

一年生草本，叶片在茎基部丛生，有多个浅裂，裂片叶缘呈不整齐锯齿状。花梗上有多轮伞状花序，每轮花序由4~20朵小花组成，花冠檐有2个深裂或多个浅裂，形态自然。

花期 Flowering

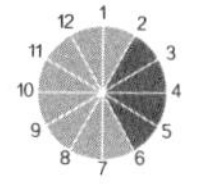

点地梅

Androsace umbellata

参数 Data

科名：报春花科

属名：点地梅属

特征 Characteristic

一年或二年生草本，密生须根。叶片生于基部，近圆形，叶缘有齿，两面有毛。数个花葶从叶丛中抽出，每个花梗上都生有伞状花序，花萼杯状，花冠前端裂片倒卵形。

花期 Flowering

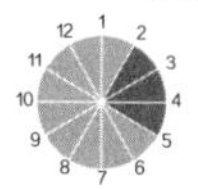

鄂报春

Primula obconica

参数 Data

科名：报春花科
属名：报春花属

特征 Characteristic

多年生草本，全株有毛。叶片丛生于茎基部，卵圆形或长圆形，叶缘浅波状或具小齿。伞状花序上聚多朵小花，花萼杯状，黄色，花冠5，常2裂。

花期 Flowering

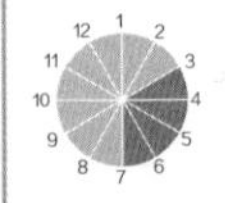

海仙花

Primula poissonii

参数 Data

科名：报春花科
属名：报春花属

特征 Characteristic

多年生草本，茎短，近无。叶片在基部丛生，倒披针形，叶缘有三角状锯齿。花梗很高，伞状花序多轮组成总状花序，花梗在开花时稍弯，结果时直立，花冠边缘平展，前端2裂。

花期 Flowering

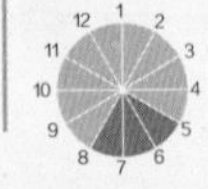

临时救

Lysimachia congestiflora

参数 Data

科名：报春花科
属名：珍珠菜属

特征 Characteristic

多年生草本，下部茎匍匐，上部茎和分枝直立。叶片阔卵形，全缘。总状花序顶生，花萼分裂的裂片披针形，花冠5裂，裂片卵状椭圆形。

花期 Flowering

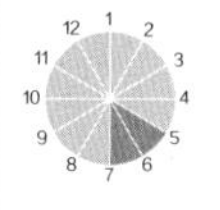

仙客来

Cyclamen persicum

参数 Data

科名：报春花科
属名：仙客来属

特征 Characteristic

多年生草本，球茎扁球形。叶心形，叶柄较长，叶缘有小锯齿。花梗从块茎抽出，较高，花萼具深裂，裂片三角形，花冠管半卵状，前端裂片长圆状披针形。

花期 Flowering

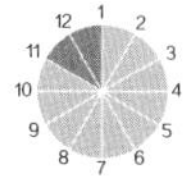

窄叶蓝盆花

Scabiosa comosa

参数 Data

科名：川续断科

属名：蓝盆花属

特征 Characteristic

多年生直立草本。基生叶丛状，叶片窄椭圆形，羽状全裂，裂片线形；茎生叶长圆形，1~2回狭羽状全裂。头状花序半球形，总苞片披针形，花萼5裂，细长针状，花冠先端5裂，花2唇形。

花期 Flowering

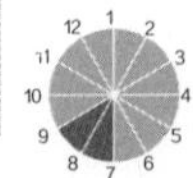

百里香

Thymus mongolicus

参数 Data

科名：唇形科

属名：百里香属

特征 Characteristic

多年生灌木状芳香草本，分枝多，常匍匐或上升。叶对生，多为全缘，具苞叶，与叶形状相同。头状花序顶生，花萼管钟状，前端2唇形，上唇有齿，下唇与上唇等长；花冠筒向上会增大。

花期 Flowering

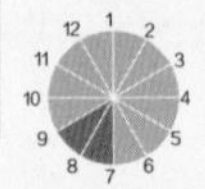

薄荷

Mentha haplocalyx

参数 Data

科名：唇形科

属名：薄荷属

特征 Characteristic

多年生宿根草本，有匍匐的根状茎，分枝多。叶片披针形或卵圆状披针形，边缘有粗锯齿。腋生轮伞状花序呈球形，花萼钟形，花冠前端的冠檐4裂，裂片长圆形，花丝抽出。

花期 Flowering

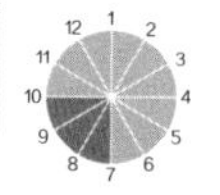

韩信草

Scutellaria indica

参数 Data

科名：唇形科

属名：黄芩属

特征 Characteristic

多年生草本，茎深紫色，上有柔毛。叶卵状心形，两面有毛。总状花序顶生，花冠檐二唇形，上唇内凹，下唇浅裂，有深紫色斑点。有卵状小坚果，暗褐色。

花期 Flowering

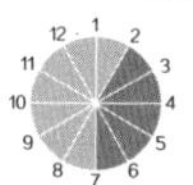

薰衣草

Lavandula angustifolia

参数 Data

科名：唇形科

属名：薰衣草属

特征 Characteristic

半灌木，老枝条暗褐色，枝条皮呈条状剥落。叶片条形，营养枝上的叶片较小，全缘。聚伞状花序，花萼管状，前端2唇形；花冠较花萼大，花冠檐二唇形。

花期 Flowering

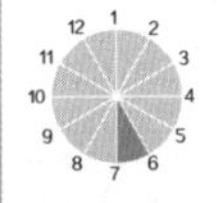

一串红

Salvia splendens

参数 Data

科名：唇形科

属名：鼠尾草属

特征 Characteristic

多年生草本，茎四棱形，有较浅的凹槽。叶片纸质，卵状三角形。总状花序顶生，花苞片卵形，花萼钟形，花冠直伸，花冠檐二唇形，上唇长圆形，下唇3裂，中裂片半圆形，侧裂片长卵圆形，比中裂片长。

花期 Flowering

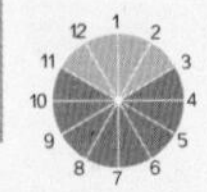

朱唇

Salvia coccinea

参数 Data

科名：唇形科
属名：鼠尾草属

特征 Characteristic

一年生或多年生草本。茎四棱形，多分枝。叶片卵状三角形，草质。轮伞状花序组成疏离的总状花序，花萼筒状钟形，花冠檐二唇形，上唇伸直，先端微凹，下唇打开，有深裂，花柱伸出，稍膨大。

花期 Flowering

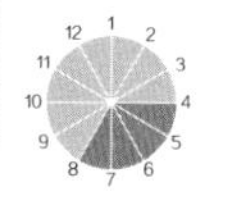

蓖麻

Ricinus communis

参数 Data

科名：大戟科
属名：蓖麻属

特征 Characteristic

一年生或多年生草本。叶片掌状深裂，具7~11裂片，裂片披针形，叶缘有锯齿。腋生圆锥状花序，雄花萼裂片卵状三角形，雌花萼裂片卵状披针形。蒴果近球形，密生软刺。

花期 Flowering

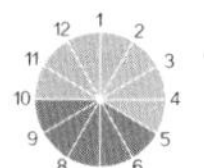

一品红

Euphorbia pulcherrima

参数 Data

科名：大戟科

属名：大戟属

特征 Characteristic

灌木，多分枝。叶卵状披针形，叶缘全缘或波状浅裂。苞叶5~7片，狭椭圆形，全缘，朱红色，叶脉深刻。杯状花序顶生，总苞坛形，雄蕊伸出。

花期 Flowering

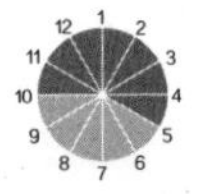

银边翠

Euphorbia marginata

参数 Data

科名：大戟科

属名：大戟属

特征 Characteristic

一年生草本，茎上部多分枝。叶片长椭圆形，全缘，具苞叶。花单生或聚伞状簇生，总苞钟状，边缘5裂，裂片三角形或圆形，花伸出苞外。

花期 Flowering

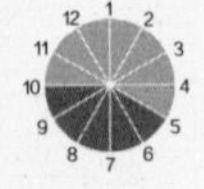

白车轴草

Trifolium repens

参数 Data

科名：豆科
属名：车轴草属

特征 Characteristic

多年生草本，茎匍匐蔓生。掌状三出复叶，托叶披针形，小叶倒卵形。花梗在开花时下垂，花序球形顶生，密集呈球形，萼片钟形，微香。

花期 Flowering

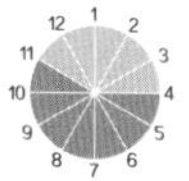

白花油麻藤

Mucuna birdwoodiana

参数 Data

科名：豆科
属名：黧豆属

特征 Characteristic

常绿、大型木质藤本，老茎外皮灰褐色，皮孔褐色。羽状复叶上有3片小叶，近革质，椭圆形或倒卵圆形。腋生总状花序，花萼杯状，花冠似牛角。

花期 Flowering

百脉根

Lotus corniculatus

参数 Data

科名：豆科

属名：百脉根属

特征 Characteristic

多年生草本，茎丛生。羽状复叶具5小叶，基部2小叶托，斜卵形，顶端3小叶倒卵形。伞状花序聚生于轴顶端，苞片叶状，花萼钟形，花冠干后变蓝色。

花期 Flowering

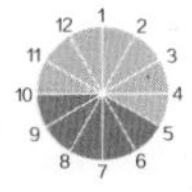

蝶豆

Clitoria ternatea

参数 Data

科名：豆科

属名：蝶豆属

特征 Characteristic

攀缘草质藤本，茎上有毛会脱落。叶对生，宽椭圆形，先端微向内凹或圆钝，叶缘平滑，叶表有浅纹脉。花腋生，花瓣宽倒卵形。荚果线条形扁平状。

花期 Flowering

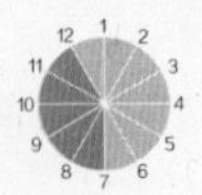

含羞草

Mimosa pudica

参数 Data

科名：豆科

属名：含羞草属

特征 Characteristic

亚灌木草本，茎多分枝，有散生钩刺。常具2对羽片，小叶多对，线状长圆形，叶片和羽片碰一下会闭合下垂。圆球形头状花序腋生，花数量多且小。荚果长圆形。

花期 Flowering

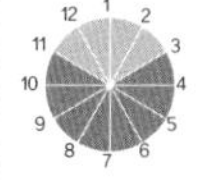

红车轴草

Trifolium pratense

参数 Data

科名：豆科

属名：车轴草属

特征 Characteristic

多年生草本，茎直立或平卧上升。掌状三出复叶，托叶近卵形，小叶卵状椭圆形，叶面有白斑。顶生花序球状，托叶呈佛焰苞状，萼片钟形。荚果卵形。

花期 Flowering

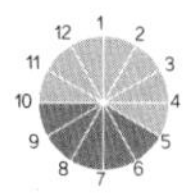

红花羊蹄甲

Bauhinia blakeana

参数 Data

科名：豆科

属名：羊蹄甲属

特征 Characteristic

乔木，有多个分枝。叶片近圆形或宽卵形，前端中浅裂。总状花序顶生或腋生，花萼佛焰状，上有淡绿色纹路，花瓣倒披针形，雄蕊丝状，纤细。

花期 Flowering

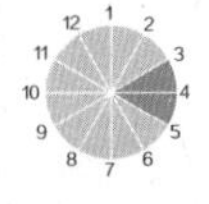

猫尾草

Uraria crinita

参数 Data

科名：豆科

属名：狸尾豆属

特征 Characteristic

直立亚灌木，分枝较少。奇数羽状复叶，小叶卵状披针形或长椭圆形，全缘。总状花序顶生，花多朵，花萼浅杯状，浅紫色，花冠向上伸展，紫色。

花期 Flowering

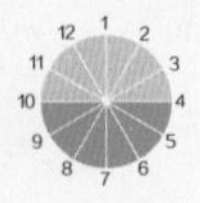

山扁豆

Chamaecrista mimosoides

参数 Data

科名：豆科

属名：山扁豆属

特征 Characteristic

一年生或多年生亚灌木状草本，茎多分枝。叶互生，小叶对生，狭线形，先端圆钝，边缘平滑。花生于叶腋，单一或数朵排成总状花序，花瓣5片。

花期 Flowering

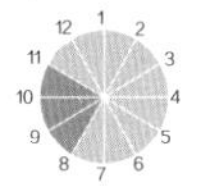

首冠藤

Bauhinia corymbosa

参数 Data

科名：豆科

属名：羊蹄甲属

特征 Characteristic

木质藤本，枝较细，卷须常呈对生，但也有单生。叶片近圆形，深裂，纸质，两面无毛。总状花序顶生由伞房花序组成，花数量多，香味浓，花瓣近圆形，边缘皱褶。荚果带状长圆形，扁平。

花期 Flowering

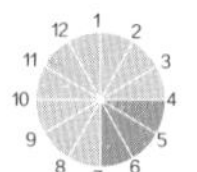

香碗豆

Lathyrus odoratus

参数 Data

科名：豆科

属名：山黧豆属

特征 Characteristic

一年生草本，攀缘状茎。叶轴上有小翅，末梢有卷须，叶具2小叶，小叶椭圆形，全缘。总状花序腋生，常下垂，香味浓，萼钟状。荚果线形，棕黄色。

花期 Flowering

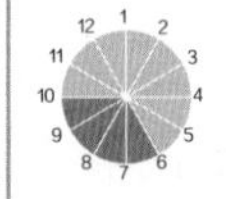

羊蹄甲

Bauhinia purpurea

参数 Data

科名：豆科

属名：羊蹄甲属

特征 Characteristic

落叶小乔木，枝幼时有毛。叶互生，近圆形，先端有分裂，裂片先端圆钝或稍尖，叶缘平滑，两面无毛。花聚合伞房状花序生于枝端，花瓣5片。

花期 Flowering

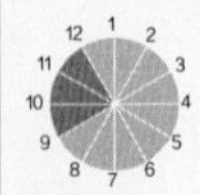

仪花

Lysidice rhodostegia

参数 Data

科名：豆科

属名：仪花属

特征 Characteristic

灌木或小乔木，树皮灰棕色，小枝绿色。偶数羽状复叶，小叶片卵状披针形，全缘。花序圆锥状，苞片椭圆形，花瓣阔倒卵形。荚果倒卵形，开裂。

花期 Flowering

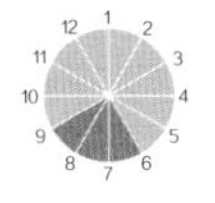

羽扇豆

Lupinus micranthus

参数 Data

科名：豆科

属名：羽扇豆属

特征 Characteristic

一年生草本，基部分枝。掌状复叶，小叶椭圆状倒披针形，常无毛。总状花序顶生，花互生，数量多且密集，花萼2唇形，上唇有2尖，下唇全缘。荚果长圆形，具绢毛。

花期 Flowering

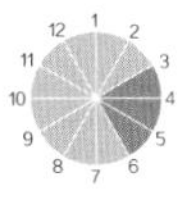

中国无忧花

Saraca dives

参数 Data

科名：豆科

属名：无忧花属

特征 Characteristic

乔木，树皮灰棕色。偶数羽状复叶，叶片呈下垂状，小叶革质，长倒卵形或长圆状披针形。花序轴从叶腋抽出，花序较大；花黄色，下部分会变红；花丝伸出，花药长圆形。

花期 Flowering

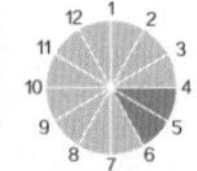

紫荆

Cercis chinensis

参数 Data

科名：豆科

属名：紫荆属

特征 Characteristic

落叶灌木，枝灰白色。叶基部心形，先端急尖，全缘。先花后叶，但在幼枝上同期开放，花簇生于老枝或枝干上，在主干上尤其多，越往上越少。荚果扁而长。

花期 Flowering

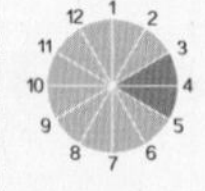

紫苜蓿

Medicago sativa

参数 Data

科名：豆科

属名：苜蓿属

特征 Characteristic

多年生直立草本，根粗壮。三出羽状复叶，托叶椭圆状披针形，较大，小叶卵形，全缘。头状花序上有多朵花，苞片锥形，花瓣有长柄，蝶形。

花期 Flowering

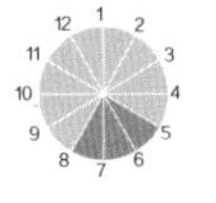

紫藤

Wisteria sinensis

参数 Data

科名：豆科

属名：紫藤属

特征 Characteristic

木质藤本，枝粗壮，茎左旋。奇数羽状复叶，小叶卵状披针形，纸质。先花后叶，总状花序呈下垂状，花冠边缘2唇形，上唇具2钝齿，下唇3齿，卵状三角形。荚果倒披针形，不落。

花期 Flowering

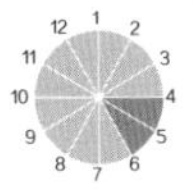

紫云英

Astragalus sinicus

参数 Data

科名：豆科

属名：黄耆属

特征 Characteristic

二年生草本，分枝多。奇数羽状复叶，小叶椭圆形或倒卵形，全缘。伞形花序，腋生或顶生，苞片卵状三角形，萼片钟状。

花期 Flowering

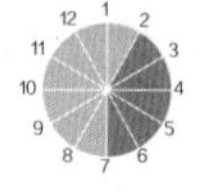

灯笼树

Enkianthus chinensis

参数 Data

科名：杜鹃花科

属名：吊钟花属

特征 Characteristic

落叶灌木或小乔木，老枝深灰色，幼枝灰绿色。叶片在枝顶聚生，长圆状卵形，边缘钝锯齿。总状花序排列成伞状，花开时下垂，花冠倒坛形，前端5浅裂。

花期 Flowering

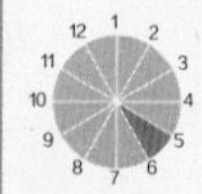

吊钟花

Enkianthus quinqueflorus

参数 Data

科名：杜鹃花科

属名：吊钟花属

特征 Characteristic

灌木，分枝多。叶片在枝顶密生，椭圆形，全缘。伞房花序生于枝顶，苞叶红色，苞片匙形，萼片5裂，花冠钟状，前端5裂，开花时花瓣张开或外卷。

花期 Flowering

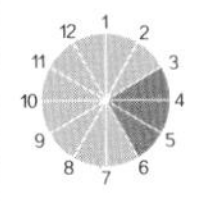

杜鹃

Rhododendron simsii

参数 Data

科名：杜鹃花科

属名：杜鹃属

特征 Characteristic

落叶灌木，分枝多。叶片卵形或倒卵形，边缘稍外卷，常密生在枝顶。花顶生，常几朵簇生，花萼5深裂，裂片长卵状三角形，花冠漏斗形，5裂片，雄蕊和花柱伸出。蒴果卵圆形，有毛。

花期 Flowering

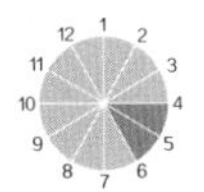

锦绣杜鹃

Rhododendron pulchrum 

参数 Data

科名：杜鹃花科

属名：杜鹃属

特征 Characteristic

半常绿灌木，枝条展开，呈浅灰棕色。叶片长圆状披针形，薄革质，边缘外卷，全缘。顶生伞状花序，花萼绿色，5深裂，裂片披针形；花冠阔漏斗状，5裂片，上有深红色斑点。

花期 Flowering

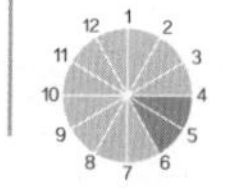

马银花

Rhododendron ovatum

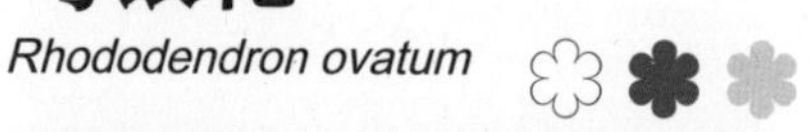

参数 Data

科名：杜鹃花科

属名：杜鹃属

特征 Characteristic

常绿灌木，小枝灰褐色。叶片椭圆状卵形，革质，有光泽。花单朵腋生，萼片卵圆形，5深裂；花冠5深裂，裂片长圆状倒卵形或阔倒卵形，内面有粉红色斑点。蒴果卵球形，有毛。

花期 Flowering

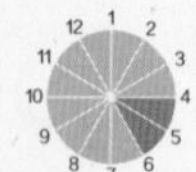

凸叶杜鹃

Rhododendron pendulum

参数 Data

科名：杜鹃花科
属名：杜鹃属

特征 Characteristic

常绿附生灌木，呈蜿蜒状，小枝有毛。叶片卵形，呈拱起状，边缘稍外卷。总状或伞状花序顶生，花萼5裂，裂片长圆状倒卵形，花冠漏斗状钟形。蒴果卵形，有毛。

花期 Flowering

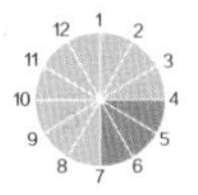

照山白

Rhododendron micranthum

参数 Data

科名：杜鹃花科
属名：杜鹃属

特征 Characteristic

常绿灌木，茎灰棕色。叶片倒披针形或长椭圆形，革质。圆锥状花序顶生，花多且密集，花萼5深裂，花冠钟形，5裂片，花丝伸出。

花期 Flowering

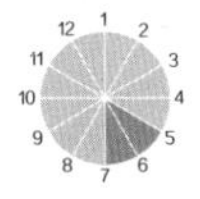

凤仙花

Impatiens balsamina

参数 Data

科名：凤仙花科

属名：凤仙花属

特征 Characteristic

一年生直立草本，有粗壮的肉质茎。叶片披针形，叶缘有锐锯齿。花单生或多朵簇生于叶腋，花蝶状，单瓣或多瓣；苞片线形，萼片2片，宽卵状披针形。

花期 Flowering

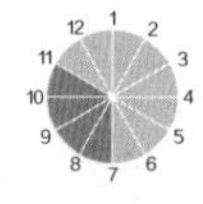

水金凤

Impatiens noli-tangere

参数 Data

科名：凤仙花科

属名：凤仙花属

特征 Characteristic

一年生直立草本，有粗壮的肉质茎，分枝多。叶片椭圆形，叶缘有粗锯齿。总状花序上有2~4朵花，苞片披针形，萼片侧生，宽卵形。

花期 Flowering

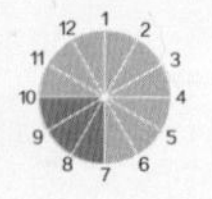

旱金莲

Tropaeolum majus

参数 Data

科名：旱金莲科

属名：旱金莲属

特征 Characteristic

一年生草本，茎肉质攀缘状。叶片圆形，叶缘波浪状，有浅缺刻。腋生花单朵，萼片5片，长圆状披针形，花瓣圆形，边缘有缺浅裂。

花期 Flowering

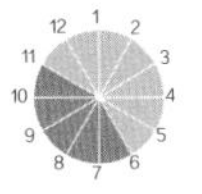

草绣球

Cardiandra moellendorffii

参数 Data

科名：虎耳草科

属名：草绣球属

特征 Characteristic

亚灌木，茎稍带纵向条纹。叶互生，倒长卵形，先端渐尖，叶缘有细锯齿，两面均有明显脉络。聚伞状花序顶生，花瓣宽椭圆形。

花期 Flowering

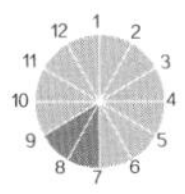

常山

Dichroa febrifuga

参数 Data

科名：虎耳草科

属名：常山属

特征 Characteristic

灌木，小枝四棱形，紫红色。叶片宽窄变化大，从椭圆形到披针形都有，叶缘有锯齿。伞房状花序顶生成圆锥花序，花萼4~6裂，裂片阔三角形；花瓣卵状长圆形，盛开时向后反折。

花期 Flowering

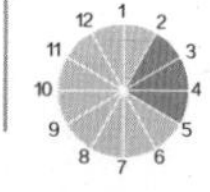

大花溲疏

Deutzia grandiflora

参数 Data

科名：虎耳草科

属名：溲疏属

特征 Characteristic

灌木，枝条紫褐色或灰褐色，花枝黄褐色。叶片椭圆卵状，纸质，叶缘有不规则的锯齿。花2~3朵组成聚伞状花序，花萼筒浅杯状，花瓣5片，卵形；雄蕊在外，雌蕊在内，排列在花中央。

花期 Flowering

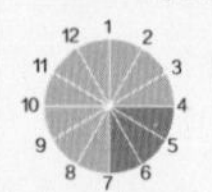

虎耳草

Saxifraga stolonifera

参数 Data

科名：虎耳草科

属名：虎耳草属

特征 Characteristic

多年生草本，有匍匐枝。基生叶片近心形，叶缘有多个浅裂，裂片边缘有不规则细齿；茎生叶披针形，有毛。圆锥状聚伞形花序，萼片卵形，开花时向外反曲；花瓣5片，3片较小，卵形，2片较大，披针形。

花期 Flowering

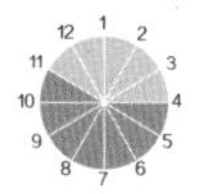

落新妇

Astilbe chinensis

参数 Data

科名：虎耳草科

属名：落新妇属

特征 Characteristic

多年生草本，具暗褐色的根状茎。基生叶为二至三回三出羽状复叶，顶生叶菱状，侧生叶卵形。总状花序圆锥形，密集多花，萼片5片，卵形，花瓣5片，线形。

花期 Flowering

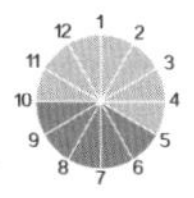

马桑绣球

Hydrangea aspera

参数 Data

科名：虎耳草科

属名：绣球属

特征 Characteristic

灌木或小乔木，枝圆柱状，树皮褐色。叶长椭圆形，先端尖，叶缘有不规则小齿，叶表有伏毛，叶背有明显叶脉。花生于叶腋或小枝端，聚伞状花序，花瓣长卵形。

花期 Flowering

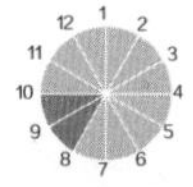

梅花草

Parnassia palustris

参数 Data

科名：虎耳草科

属名：梅花草属

特征 Characteristic

多年生草本，有粗壮的根状茎。叶柄上有窄翼，叶片长圆形，边缘稍外翻，全缘。花单朵顶生，萼片长圆形，花瓣倒卵形。蒴果卵圆形。

花期 Flowering

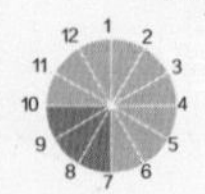

美丽茶藨子

Ribes pulchellum

参数 Data

科名：虎耳草科

属名：茶藨子属

特征 Characteristic

落叶灌木，幼枝红褐色，小枝灰褐色。叶片阔卵圆形，掌状深3裂或半裂，叶缘有锯齿。雌雄异株，雄花序疏松，雌花序密集，呈总状。

花期 Flowering

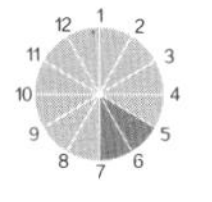

山梅花

Philadelphus incanus

参数 Data

科名：虎耳草科

属名：山梅花属

特征 Characteristic

灌木，幼枝紫红色，二年生枝条灰褐色。叶片卵形，叶缘有锯齿，繁殖枝上叶片较小。总状花序，花萼裂片4，前端裂片卵形。花冠圆形，花瓣近圆形。

花期 Flowering

溲疏

Deutzia scabra

参数 Data

科名：虎耳草科
属名：溲疏属

特征 Characteristic

落叶灌木，小枝红褐色，老枝会有薄片状剥落的情况。叶片卵状，前端渐尖，叶缘有锯齿。圆锥状花序直立生长，萼筒钟状，花瓣长圆形，有毛。

花期 Flowering

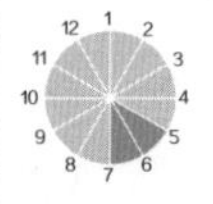

绣球

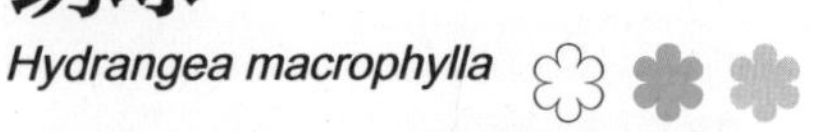

Hydrangea macrophylla

参数 Data

科名：虎耳草科
属名：绣球属

特征 Characteristic

落叶灌木，枝条淡灰色；茎从基部呈放射状向上伸展。叶片卵圆形，有三角状粗锯齿。伞房状花序顶生，近球形，有多数不孕花，花瓣长圆形，前端渐尖。

花期 Flowering

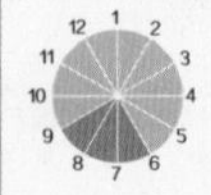

圆锥绣球

Hydrangea paniculata

参数 Data

科名：虎耳草科

属名：绣球属

特征 Characteristic

灌木或小乔木，枝条灰褐色。叶片椭圆形，边缘具密集粗锯齿。聚伞状花序顶生，呈圆锥形，有多数不孕花，花瓣卵状披针形，前端渐尖。

花期 Flowering

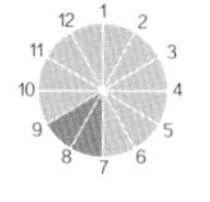

中国绣球

Hydrangea chinensis

参数 Data

科名：虎耳草科

属名：绣球属

特征 Characteristic

灌木，小枝树皮红褐色，老枝树皮会有薄片状剥落。叶片宽披针形，叶缘中部往上有小锯齿。聚伞状花序顶生，呈伞房状，花瓣长圆形或椭圆形，基部有小爪。

花期 Flowering

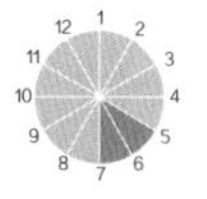

小天蓝绣球

Phlox drummondii

参数 Data

科名：花荵科
属名：天蓝绣球属

特征 Characteristic

一年生直立草本，叶片长圆形或宽卵形，全缘。聚伞状花序顶生，排列成圆锥状，花萼筒状，前端裂片三角状披针形，花冠高脚碟状，前端裂片圆形。

花期 Flowering

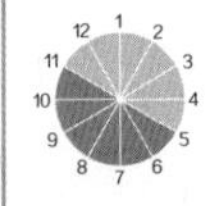

狗牙花

Ervatamia divaricata

参数 Data

科名：夹竹桃科
属名：狗牙花属

特征 Characteristic

灌木，枝条灰绿色，皮孔明显。叶片椭圆形，叶脉深刻。花常假二歧状，双生叶腋呈聚伞状花序，苞片和萼片长圆形，花瓣为重瓣。

花期 Flowering

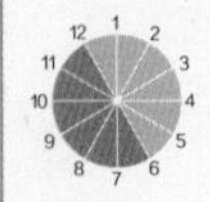

红鸡蛋花

Plumeria rubra

参数 Data

科名：夹竹桃科

属名：鸡蛋花属

特征 Characteristic

小乔木，枝条具丰富乳汁。叶片长圆状披针形，较厚，全缘。花梗三歧分枝，聚伞状花序顶生，萼片宽卵形，花冠裂片椭圆形，花冠圆筒状。

花期 Flowering

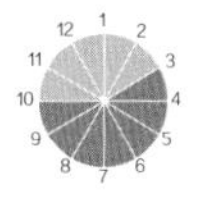

黄蝉

Allemanda neriifolia

参数 Data

科名：夹竹桃科

属名：黄蝉属

特征 Characteristic

直立灌木，树皮灰白色。叶片椭圆形或倒卵形，全缘。聚伞状花序顶生，苞片披针形，花萼5深裂，裂片狭长圆形，花冠漏斗状，前端5裂，向左旋覆。

花期 Flowering

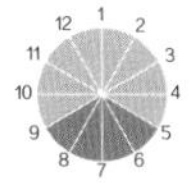

黄花夹竹桃

Thevetia peruviana

参数 Data

科名：夹竹桃科

属名：黄花夹竹桃属

特征 Characteristic

乔木，树皮棕褐色，上有明显的皮孔。叶线形或线状披针形，近革质，全缘。聚伞状花序顶生，花萼绿色，花冠呈漏斗状，5裂，裂片向外旋覆。核果扁三角状球形，嫩绿色。

花期 Flowering

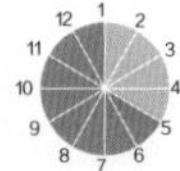

络石

Trachelospermum jasminoides

参数 Data

科名：夹竹桃科

属名：络石属

特征 Characteristic

常绿木质藤本，茎红褐色，具皮孔。叶片卵状椭圆形，无毛。聚伞状花序多朵组成圆锥状，具芳香；花萼5深裂，裂片披针形，前端外卷，花冠圆筒状，中部膨大。

花期 Flowering

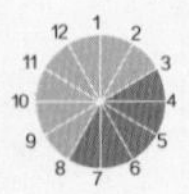

蔓长春花

Vinca major

参数 Data

科名：夹竹桃科

属名：蔓长春花属

特征 Characteristic

蔓性半灌木，茎偃卧，花茎直立。叶片椭圆形，先端急尖。花单生于叶腋，花萼裂片狭披针形，花冠漏斗状，花冠裂片倒卵形。

花期 Flowering

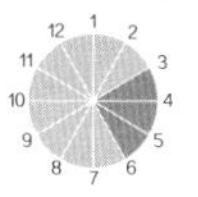

莪术

Curcuma zedoaria

参数 Data

科名：姜科

属名：姜黄属

特征 Characteristic

多年生草本，肉质根状茎圆柱形。叶片长圆状披针形，中间有紫斑。花梗先于叶从根茎抽出；花序穗状，花苞下部绿色，往上逐渐变为紫色；花萼3裂，白色；花冠裂片长圆形，黄色。

花期 Flowering

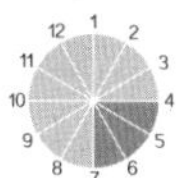

艳山姜

Alpinia zerumbet

参数 Data

科名：姜科

属名：山姜属

特征 Characteristic

草本植物。叶片披针形，先端尖，叶缘呈波浪状，无锯齿，叶背有凸出叶脉。圆锥状花序腋生，呈穗状下垂，小苞片椭圆形，唇瓣匙状宽卵形。

花期 Flowering

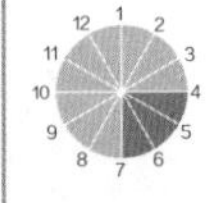

红豆蔻

Alpinia galanga

参数 Data

科名：姜科

属名：山姜属

特征 Characteristic

多年生草本，有块状茎。叶片卵状披针形或披针形，叶缘呈波状全缘。花密生呈圆锥状花序，小苞片宽线形，花萼筒状，花冠前端有裂，裂片长圆形，唇瓣匙形，花有异味。

花期 Flowering

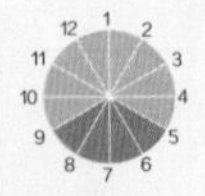

姜花

Hedychium coronarium

参数 Data

科名：姜科

属名：姜花属

特征 Characteristic

多年生草本，茎高可达2m。叶片长圆状披针形，先端渐尖，叶缘平滑，稍向内卷，叶表光滑，叶背有柔毛。穗状花序长10~20厘米，顶生，有芳香。

花期 Flowering

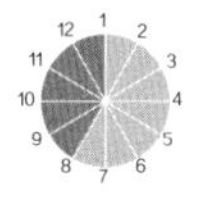

堇菜

Viola verecunda

参数 Data

科名：堇菜科

属名：堇菜属

特征 Characteristic

多年生草本，地下茎很短，茎上有节，节上密生须根。基生叶多，叶片宽心形或近新月形，叶缘有波状圆齿；茎生叶全缘或有小锯齿。花腋生，萼片卵状披针形，前方花瓣倒卵形，侧面花瓣长圆形，下面的花瓣有条纹。

花期 Flowering

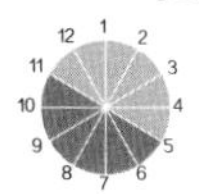

三色堇

Viola tricolor

参数 Data

科名：堇菜科
属名：堇菜属

特征 Characteristic

一年生或多年生草本，地上茎粗壮，分枝多。基生叶披针形，茎生叶长圆形，叶缘有锯齿。花梗从叶腋生出，花大，花瓣3片，通常一朵花会有三种颜色。蒴果椭圆形，无毛。

花期 Flowering

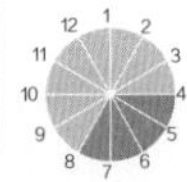

紫花地丁

Viola philippica

参数 Data

科名：堇菜科
属名：堇菜属

特征 Characteristic

多年生草本，根状茎短，地上茎近无。叶基生呈莲花座状，下部叶较小，狭卵形，中上部叶较长，长卵状圆形。花梗比叶片稍高，花萼卵状披针形，花瓣倒卵形，开放时向外卷曲。

花期 Flowering

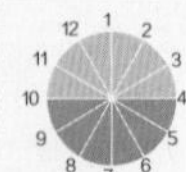

芙蓉葵

Hibiscus moscheutos

参数 Data

科名：锦葵科

属名：木槿属

特征 Characteristic

多年生草本，直立生长。叶片卵状长圆形，叶缘有钝锯齿。花在叶腋单生，苞片线形，有毛；花瓣倒卵形，有褶皱；花柱较长。

花期 Flowering

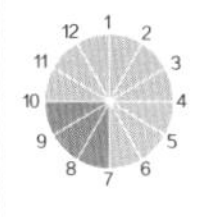

黄槿

Hibiscus tiliaceus

参数 Data

科名：锦葵科

属名：木槿属

特征 Characteristic

常绿乔木或灌木，树皮灰白色。叶片近圆形，边缘有不明显的锯齿。聚伞状花序，苞片线状，花萼5裂，裂片披针形，花冠钟状，花瓣倒卵形。

花期 Flowering

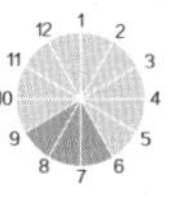

黄葵

Abelmoschus moschatus

参数 Data

科名：锦葵科

属名：秋葵属

特征 Characteristic

一年或二年生草本，茎有硬毛。叶片掌状开裂，先端尖，叶缘有细锯齿，两面有疏硬毛。花单生叶腋，花瓣5片，倒卵圆形，内基部呈暗紫色。

花期 Flowering

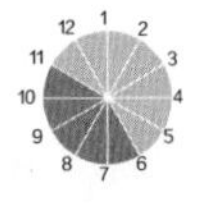

黄蜀葵

Abelmoschus manihot

参数 Data

科名：锦葵科

属名：秋葵属

特征 Characteristic

一年或多年生草本，直立茎。叶片呈掌状开裂，裂片长圆状披针形，先端尖，边缘有锯齿，两面有疏硬毛。花生于枝端叶腋，花瓣5片，旋转状开放。

花期 Flowering

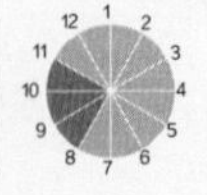

金铃花

Abutilon striatum

参数 Data

科名：锦葵科
属名：苘麻属

特征 Characteristic

常绿灌木。叶片掌状深裂，3~5裂片，卵状披针形，叶缘有粗齿。花在叶腋单生，花梗长，呈下垂状，花萼钟形，具深裂，花冠钟形，花瓣5片，倒卵形。

花期 Flowering

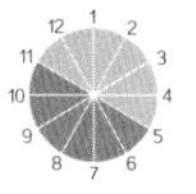

锦葵

Malva sinensis

参数 Data

科名：锦葵科
属名：锦葵属

特征 Characteristic

二年或多年生草本，多分枝。叶肾形，叶缘有圆锯齿，两面无毛。花多朵簇生，呈总状花序，萼片5裂，卵状三角形，花瓣5片，倒心形。

花期 Flowering

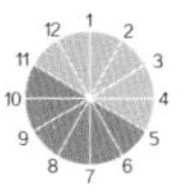

木芙蓉

Hibiscus mutabilis

参数 Data

科名：锦葵科

属名：木槿属

特征 Characteristic

落叶灌木或小乔木。叶片宽卵圆形，裂片三角形，先端尖，边缘有锯齿，两面均有毛。花单生于枝端叶腋，花瓣近圆形，多层叠状开放或无规则开放。

花期 Flowering

木槿

Hibiscus syriacus

参数 Data

科名：锦葵科

属名：木槿属

特征 Characteristic

落叶灌木，直立生长。叶片卵状三角形，3裂，叶缘有缺刻。花单生叶腋，花萼钟形，有绒毛；花冠钟形，花瓣倒卵形，常褶皱。

花期 Flowering

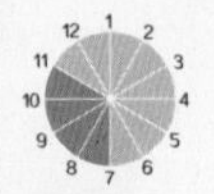

蜀葵

Althaea rosea

参数 Data

科名：锦葵科

属名：蜀葵属

特征 Characteristic

二年生草本，茎可长至2m。叶片近圆心形，掌状5~7浅裂，裂片三角形。腋生总状花序，苞片叶状，小苞片杯状，花萼钟状，花瓣三角状倒卵形，前端皱褶或稍凹。

花期 Flowering

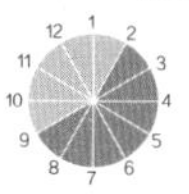

长寿花

Kalanchoe blossfeldiana

参数 Data

科名：景天科

属名：伽蓝菜属

特征 Characteristic

多年生草本，鳞茎球形，叶卵圆形，先端圆钝，叶缘无锯齿或有细锯齿，叶表光滑无毛。花序呈伞房状密集，花瓣卵圆形，先端尖或钝。

花期 Flowering

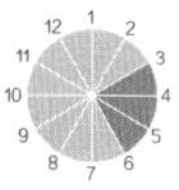

半边莲

Lobelia chinensis

参数 Data

科名：桔梗科

属名：半边莲属

特征 Characteristic

多年生草本，茎匍匐。叶片长圆形或条形，前端急尖，全缘。花单朵生于叶腋，花萼倒圆锥状，花冠深裂，侧裂片披针形，中裂片宽披针形。

花期 Flowering

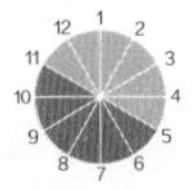

风铃草

Campanula medium

参数 Data

科名：桔梗科

属名：风铃草属

特征 Characteristic

二年生直立草本，茎粗壮。基生叶长圆状披针形，茎生叶矩圆形。总状花序顶生，花萼裂片5片，花冠漏斗形，5裂，花丝抽出。种子椭圆形，无毛。

花期 Flowering

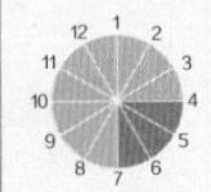

鸡蛋参

Codonopsis convolvulacea

参数 Data

科名：桔梗科
属名：党参属

特征 Characteristic

多年生草本，根块状，近卵球形。叶互生或对生，宽卵圆形，顶端钝或尖，叶缘无锯齿或带波状钝齿。花单生于侧枝顶端或主茎上，裂片狭三角形。

花期 Flowering

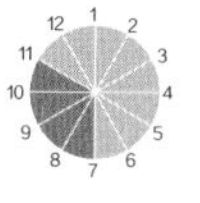

桔梗

Platycodon grandiflorus

参数 Data

科名：桔梗科
属名：桔梗属

特征 Characteristic

多年生草本，茎直立，无毛或密被短毛。叶轮生或互生，卵状椭圆形，先端急尖，叶缘平滑，两面无毛。花单生于枝顶或数朵聚集成圆锥状花序，花冠呈漏斗状钟形。

花期 Flowering

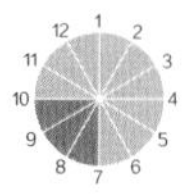

百日菊

Zinnia elegans

参数 Data

科名：菊科

属名：百日菊属

特征 Characteristic

一年生直立草本。叶片长椭圆形或卵状心形，全缘。花单生于枝顶形成头状花序，总苞片数层，卵圆形，舌状花，花舌倒卵圆形，管状花萼先端开裂，裂片长圆形。

花期 Flowering

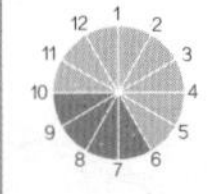

雏菊

Bellis perennis

参数 Data

科名：菊科

属名：雏菊属

特征 Characteristic

多年生矮小草本。叶片在基部聚生，匙形，叶缘有波状齿或疏钝齿。单生头状花序，总苞片2层，舌状，雌花1层，长椭圆形。瘦果倒卵形，扁平。

花期 Flowering

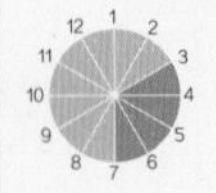

刺儿菜

Cirsium setosum

参数 Data

科名：菊科

属名：蓟属

特征 Characteristic

多年生直立草本，茎上部有分枝。基生叶和茎下端叶卵状披针形，茎上端叶较小，呈披针形，边缘有锯齿。头状花序顶生，若有多个则排列成伞状，总苞钟状，花冠半球形。

花期 Flowering

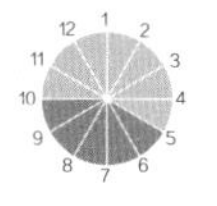

翠菊

Callistephus chinensis

参数 Data

科名：菊科

属名：翠菊属

特征 Characteristic

一年生或二年生直立草本，分枝较少。茎中部叶卵形或菱状卵形，上部叶较小，呈披针形或线形。茎顶端单生头状花序，总苞半球形，舌状花狭长圆形。

花期 Flowering

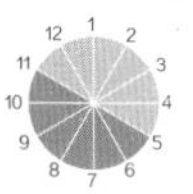

大花金鸡菊

Coreopsis grandiflora

参数 Data

科名：菊科

属名：金鸡菊属

特征 Characteristic

多年生直立草本，具分枝。基部叶叶柄较长，披针形，茎下部叶羽状全裂，裂片卵状长圆形，中上部叶深裂。头状花序单生，总苞片披针形，舌状花宽线形，管状花较短，聚生花心。

花期 Flowering

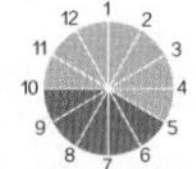

大丽花

Dahlia pinnata

参数 Data

科名：菊科

属名：大丽花属

特征 Characteristic

多年生草本，茎多分枝。叶片长椭圆形，先端尖，叶缘有细锯齿，两面均无毛。花通常顶生，头状花序，花瓣颜色丰富，层叠开放，花型大。

花期 Flowering

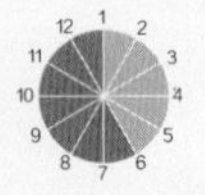

土木香

Inula helenium

参数 Data

科名：菊科

属名：旋覆花属

特征 Characteristic

多年生草本。叶片狭长圆形或线形，边缘全缘或下部分有锯齿。头状花序顶生，呈伞房状，管状花半球形，在中心聚集成丘状，舌状花倒披针形，前端浅裂。

花期 Flowering

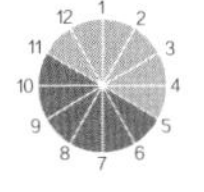

多花百日菊

Zinnia peruviana

参数 Data

科名：菊科

属名：百日菊属

特征 Characteristic

一年生直立草本，分枝呈二歧状。叶片狭长圆形或狭披针形，稍抱茎。头状花序顶生，组合成圆锥花序，总苞数层，长圆形，舌状花椭圆形，管状花前端5裂，裂片长圆形。

花期 Flowering

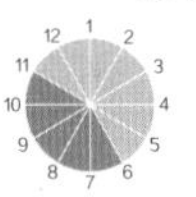

非洲菊

Gerbera jamesonii

参数 Data

科名：菊科

属名：大丁草属

特征 Characteristic

多年生草本，须根粗。叶片在基部呈莲花座状生长，长圆形或卵状长圆形，叶缘有羽状分裂或深裂。花梗从基部抽出，单生头状花序，总苞钟形，舌状花长椭圆形，管状花较短。

花期 Flowering

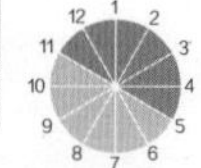

风毛菊

Saussurea japonica

参数 Data

科名：菊科

属名：风毛菊属

特征 Characteristic

二年生直立草本，密生须根。叶片轮廓椭圆或披针形，羽状深裂，侧裂片三角状椭圆形，中部裂片较大。头状花序顶生，排列成伞房状，总苞圆柱状。

花期 Flowering

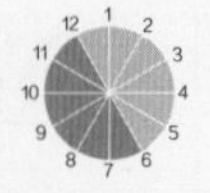

高山蓍

Achillea alpina

参数 Data

科名：菊科

属名：蓍属

特征 Characteristic

多年生直立草本，根茎匍匐。叶片矩圆形，二至三回羽状深裂，裂片披针状至条形。头状花序密生呈复伞房形花丛，总苞近卵形，舌状花近圆形，管状花盘状。

花期 Flowering

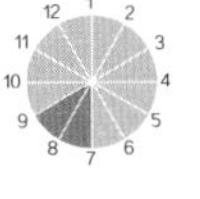

狗娃花

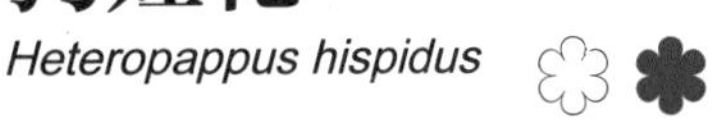

Heteropappus hispidus

参数 Data

科名：菊科

属名：狗娃花属

特征 Characteristic

一年或二年生草本，有纺锤状块根。基生叶和茎下部叶倒卵形，会在花期枯萎，中上部叶线形，草质。花序单生枝顶，总苞半球形，舌状花矩圆形，管状花聚集在中心，黄色。

花期 Flowering

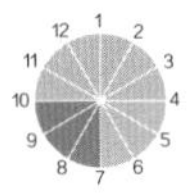

瓜叶菊

Pericallis hybrida

参数 Data

科名：菊科

属名：瓜叶菊属

特征 Characteristic

多年生直立草本。叶片阔心形，边缘有不规则浅裂或钝锯齿，具掌状叶脉，下凹。头状花序在枝顶排列成伞房状，总苞钟状，舌片开展，长椭圆形。

花期 Flowering

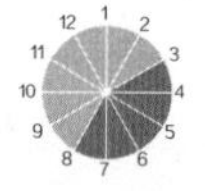

荷兰菊

Aster novi-belgii

参数 Data

科名：菊科

属名：紫菀属

特征 Characteristic

多年生草本，须根多，茎多分枝。叶片呈线状披针形，先端尖，叶缘光滑无毛。花生于枝顶，伞房状花序，花多而密，披针形，先端圆钝或尖。

花期 Flowering

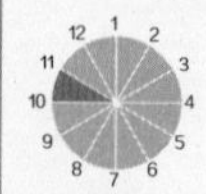

黑心金光菊

Rudbeckia hirta

参数 Data

科名：菊科

属名：金光菊属

特征 Characteristic

一年或二年生草本。茎下部叶长圆形或匙形，茎上部叶长圆状披针形，叶缘具锯齿。头状花序顶生，总苞长圆形，托片线形，舌状花卵状披针形，管状花聚生中心，呈椭圆状，暗紫色。

花期 Flowering

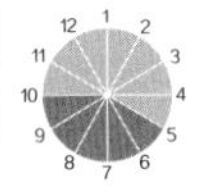

黄秋英

Cosmos sulphureus

参数 Data

科名：菊科

属名：秋英属

特征 Characteristic

一年生直立草本。叶片二回羽状分裂，一回叶全裂，二回叶基部叶深裂，裂片椭圆形。单生头状花序，舌状花倒卵形，管状花前端具深色斑点。

花期 Flowering

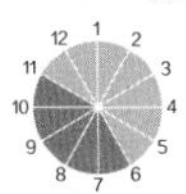

火绒草

Leontopodium leontopodioides

参数 Data

科名：菊科

属名：火绒草属

特征 Characteristic

多年生草本，具粗壮地下茎。叶片线形，直立展开，有白色棉毛。雌雄异株，苞叶较小，披针形，上有灰白色厚绒毛，头状花序顶生，总苞半球形，雄花冠狭漏斗状，雌花冠丝状，冠毛白色。

花期 Flowering

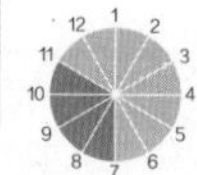

剑叶金鸡菊

Coreopsis lanceolata

参数 Data

科名：菊科

属名：金鸡菊属

特征 Characteristic

多年生直立草本，具纺锤状根。基部叶叶片数量较少，匙形或线状披针形；茎生叶3深裂，裂片长圆形或长披针形。头状花序单生枝顶，总苞披针形，舌状花楔形，前端浅裂，管状花黄色。

花期 Flowering

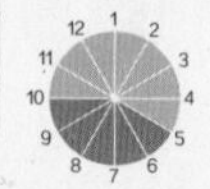

金盏花

Calendula officinalis

参数 Data

科名：菊科

属名：金盏花属

特征 Characteristic

一年生草本，多分枝。基生叶叶片匙形，全缘；茎生叶卵状长圆形，边缘波状。头状花序生于茎顶，总苞披针形，舌状花线形，管状花较短，前端浅裂。

花期 Flowering

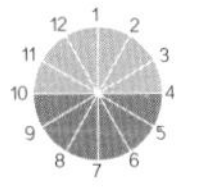

菊蒿

Tanacetum vulgare

参数 Data

科名：菊科

属名：菊蒿属

特征 Characteristic

多年生直立草本，上部有分枝。叶片椭圆形，二回羽状分裂，第一回全裂，第二回深裂，小裂片卵状三角形。头状花序密生茎顶排列成伞房花序，小花管状，花冠半球形。

花期 Flowering

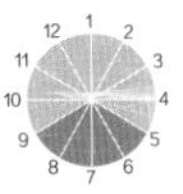

菊苣

Cichorium intybus

参数 Data

科名：菊科

属名：菊苣属

特征 Characteristic

多年生草本，茎直立。叶片倒披针状椭圆形，叶缘有不规则锯齿，先端尖。花腋生，花瓣数多，披针形，先端圆钝或有裂口，有斑点。

花期 Flowering

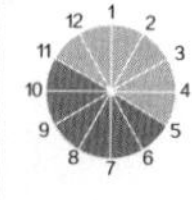

菊芋

Helianthus tuberosus

参数 Data

科名：菊科

属名：向日葵属

特征 Characteristic

多年生草本，具地下块茎。叶通常对生，长卵形，先端细尖，叶缘有锯齿，两面均有毛。花生于顶部，花瓣狭长披针形，先端尖或圆钝。

花期 Flowering

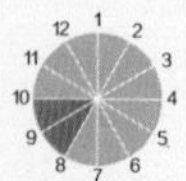

孔雀草

Tagetes patula

参数 Data

科名：菊科

属名：万寿菊属

特征 Characteristic

一年生直立草本,在基部分枝。叶片羽状分裂，裂片狭披针形，具锯齿。单生头状花序，总苞筒状，舌状花近圆形，有红色斑点，管状花黄色，和冠毛长度一致。

花期 Flowering

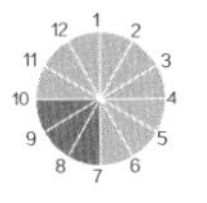

苦荬菜

Ixeris polycephala

参数 Data

科名：菊科

属名：苦荬菜属

特征 Characteristic

一年生直立草本，根上具须根。基生叶线状披针形，花期节段不脱落，茎中下部叶披针形，全缘。头状花序顶生，排成伞房状花序。总苞圆柱形，花瓣舌状且较小。瘦果长椭圆形，褐色。

花期 Flowering

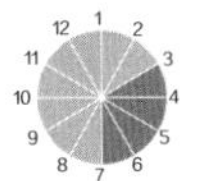

魁蓟

Cirsium leo

参数 Data

科名：菊科

属名：蓟属

特征 Characteristic

多年生直立草本，上部有分枝。叶片轮廓为长圆形，羽状深裂，中裂片较大，侧裂片半椭圆形。头状花序聚生成伞房状花序，总苞钟状，上有小刺，花冠半圆形。

花期 Flowering

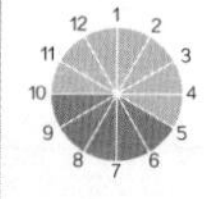

蜡菊

Helichrysum bracteatum

参数 Data

科名：菊科

属名：蜡菊属

特征 Characteristic

一年生或二年生直立草本，常分枝。叶片线形，沿茎向上逐渐变小。总苞宽披针形，基部较厚，外层舌状花伸展，内层舌状花合抱或稍打开，管状花外层较长。

花期 Flowering

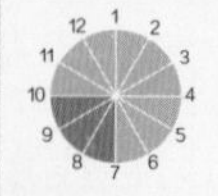

鳢肠

Eclipta prostrata

参数 Data

科名：菊科

属名：鳢肠属

特征 Characteristic

一年生直立草本，基部分枝。叶片披针形，叶缘波状或有小锯齿。头状花序顶生，总苞钟形，舌状花较短，线形，管状花排列成较大的圆形，前端有浅裂。

花期 Flowering

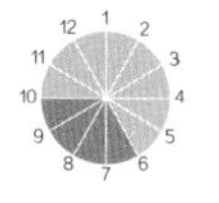

林泽兰

Eupatorium lindleyanum

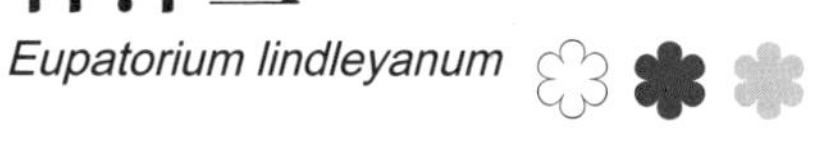

参数 Data

科名：菊科

属名：泽兰属

特征 Characteristic

多年生直立草本。茎下部的叶片花期节段掉落，中上部叶片长圆形或狭披针形，边缘有锯齿。头状花序顶生，排列成伞房状，总苞钟状，苞片长圆形，具冠毛。

花期 Flowering

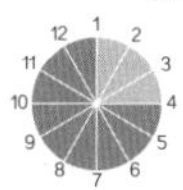

马兰

Kalimeris indica

参数 Data

科名：菊科

属名：马兰属

特征 Characteristic

多年生直立草本，具分枝。基生叶叶片花期节段掉落，茎生叶倒披针形，叶缘中部以上具锯齿。头状花序顶生呈疏伞房状，总苞半球形，舌状花单层，较长，管状花黄色。

花期 Flowering

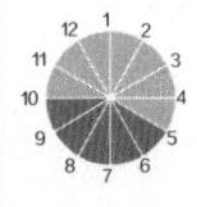

南茼蒿

Chrysanthemum segetum

参数 Data

科名：菊科

属名：茼蒿属

特征 Characteristic

直立草本，光滑无毛。叶片倒卵状椭圆形，叶缘有不规则大锯齿。头状花序顶生，苞片与舌状花瓣等长，内层苞片附片状，花瓣顶端有浅裂。瘦果椭圆形。

花期 Flowering

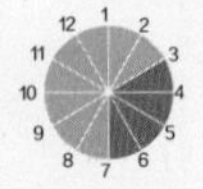

蒲公英

Taraxacum mongolicum

参数 Data

科名：菊科

属名：蒲公英属

特征 Characteristic

多年生草本，根黑褐色。叶片倒披针形，叶缘波状或羽状深裂，裂片全缘。花梗多个比叶稍长，上部紫红色，头状花序，总苞钟状，花瓣舌状。

花期 Flowering

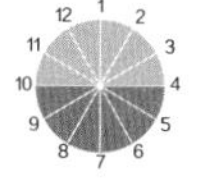

秋英

Cosmos bipinnatus

参数 Data

科名：菊科

属名：秋英属

特征 Characteristic

一年或多年生草本，具纺锤状根。叶片二回羽状深裂，小裂片线形，全缘。头状花序顶生，总苞革质，舌状花倒卵状椭圆形，管状花黄色，前端裂片披针形。

花期 Flowering

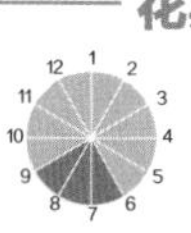

蛇鞭菊

Liatris spicata

参数 Data

科名：菊科

属名：蛇鞭菊属

特征 Characteristic

多年生直立草本，茎基部膨大呈扁球形。叶片条状，随茎向上逐渐变小，全缘。头状花序顶生呈穗状，总苞钟形，舌状花线形，小花自上而下次第开放。

花期 Flowering

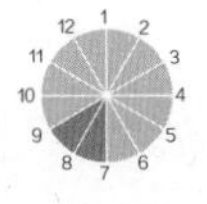

矢车菊

Centaurea cyanus

参数 Data

科名：菊科

属名：矢车菊属

特征 Characteristic

一年或二年生草本，自茎的中部开始分枝，全株灰白色，密被卷毛。叶披针形，全缘或羽状分裂。头状花序顶生，排列成圆锥状花序，总苞片约7层，边花比中央盘花大，前端浅裂。

花期 Flowering

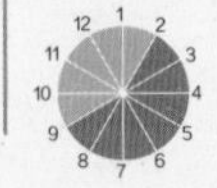

天人菊

Gaillardia pulchella

参数 Data

科名：菊科

属名：天人菊属

特征 Characteristic

一年生草本，上部多分枝。茎下部叶倒披针形，叶缘波状，上部叶长椭圆形。头状花序顶生，总苞披针形，舌状花阔楔形，管状花顶端有三角状裂片，渐尖。

花期 Flowering

茼蒿

Chrysanthemum coronarium

参数 Data

科名：菊科

属名：茼蒿属

特征 Characteristic

一年或二年生草本，茎不分枝或在上部分枝。下部叶长圆状椭圆形，二回羽状分裂，一回深裂，二回浅裂。头状花序顶生，总苞和花瓣等长或较长，花瓣舌状，前端浅裂。

花期 Flowering

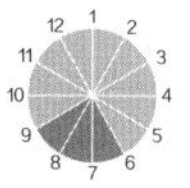

万寿菊

Tagetes erecta

参数 Data

科名：菊科

属名：万寿菊属

特征 Characteristic

一年生直立草本，具分枝。叶片羽状全裂，裂片长椭圆形或披针形，叶缘有锯齿。头状花序在茎顶单生，总苞杯状，舌状花倒卵形，管状花前端有浅裂。

花期 Flowering

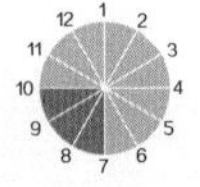

香青

Anaphalis sinica

参数 Data

科名：菊科

属名：香青属

特征 Characteristic

多年生直立草本，具根状茎。茎下部叶开花后枯萎，中上部叶线形，随茎向上逐渐变小。头状花序密生呈伞房状，花双性，总苞钟状，花冠前端有浅裂。

花期 Flowering

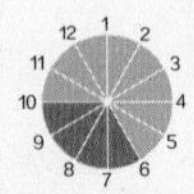

向日葵

Helianthus annuus

参数 Data

科名：菊科
属名：向日葵属

特征 Characteristic

一年生直立草本，一般不分枝。叶片卵圆形，叶缘具粗锯齿。头状花序顶生，花大，总苞卵状披针形，舌状花卵状披针形，较伸展，管状花多数，常为棕色。

花期 Flowering

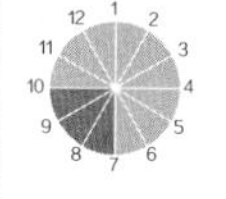

旋覆花

Inula japonica

参数 Data

科名：菊科
属名：旋覆花属

特征 Characteristic

多年生直立草本，有横向生长的根状茎。基部叶会在开花时凋落，中部叶狭披针形，边缘疏生小锯齿。头状花序排列成疏松的伞房状，总苞半球形，苞片线状，舌状花线形，管状花前端裂片三角形。

花期 Flowering

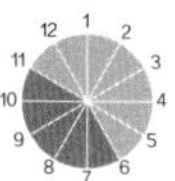

雪莲花

Saussurea involucrata

参数 Data

科名：菊科

属名：风毛菊属

特征 Characteristic

多年生草本，具粗壮的根状茎。叶片长圆状倒卵形，边缘有锯齿，最上部的叶呈苞叶状，黄绿色，绕花序排列，宽卵形。花序顶生密集，总苞半球形，小花管状，聚生中央。

花期 Flowering

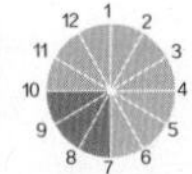

勋章菊

Gazania rigens

参数 Data

科名：菊科

属名：勋章菊属

特征 Characteristic

多年生草本，有根状茎。叶片丛生，披针形，叶缘有浅裂或全缘。花单生，花萼与花瓣长度相近，花瓣舌状，花心深色，整体形似勋章。

花期 Flowering

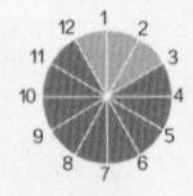

一点红

Emilia sonchifolia

参数 Data

科名：菊科

属名：一点红属

特征 Characteristic

一年生草本，茎直立或斜生。叶长圆状披针形，先端圆钝，叶缘有不规则锯齿，叶表深绿色，叶背常为紫色。疏散形伞房状顶生，开放前下垂状，开放后变直立状。

花期 Flowering

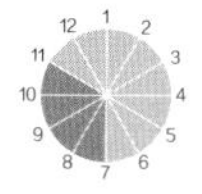

一年蓬

Erigeron annuus

参数 Data

科名：菊科

属名：飞蓬属

特征 Characteristic

一年或二年生直立草本，茎上部分枝。基部叶开花后会枯萎，下部叶宽卵形，中上部叶披针形，叶缘有锯齿。头状花序排列成伞房状，总苞半球形，舌状花线形，管状花黄色。

花期 Flowering

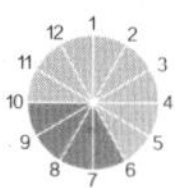

银香菊

Santolina chamaecyparissus

参数 Data

科名：菊科

属名：银香菊属

特征 Characteristic

多年生草本，分枝多。叶片灰白色，在叶轴上呈穗状。头状花序单生于花序轴顶端，管状花呈球形，似纽扣，有香味。

花期 Flowering

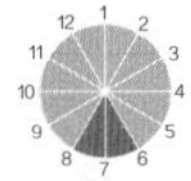

紫菀

Aster tataricus

参数 Data

科名：菊科

属名：紫菀属

特征 Characteristic

多年生直立草本。叶片疏散。基部叶开花时枯萎，长圆形，下部叶匙状长圆形，有小锯齿。头状花序呈复伞状排列，总苞半球形，舌状花线形，管状花前端开裂。

花期 Flowering

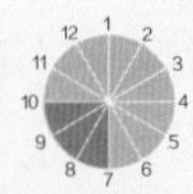

假杜鹃

Barleria cristata

参数 Data

科名：爵床科
属名：假杜鹃属

特征 Characteristic

灌木，分枝多。叶片卵形或椭圆形，边缘无锯齿，长枝上的叶片较早脱落，短枝上的叶片较小。花在短枝的分枝上密集生长，苞片叶形，小苞片线形，花冠漏斗状，长4~7厘米，外面有微毛，裂片5，2唇形。

花期 Flowering

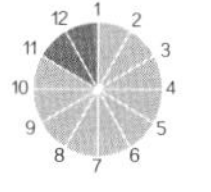

珊瑚花

Cyrtanthera carnea

参数 Data

科名：爵床科
属名：珊瑚花属

特征 Characteristic

草本或半灌木，茎具分叉枝。叶披针形，先端渐尖，叶缘无锯齿或有微波状，叶背有突出叶脉。花呈穗状花序顶生，苞片矩圆形，先端尖，边缘有毛。

花期 Flowering

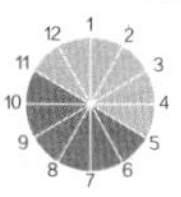

鸭嘴花

Adhatoda vasica

参数 Data

科名：爵床科
属名：鸭嘴花属

特征 Characteristic

灌木，枝条灰色，上有皮孔。叶片变化大，从卵形到披针形都有，边缘无锯齿。穗状花序，苞片阔卵形，萼片5裂，裂片长披针形，花冠管卵形。

花期 Flowering

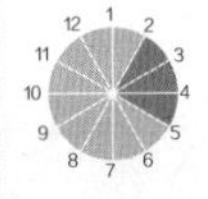

金鱼吊兰

Nematanthus wettsteinii

参数 Data

科名：苦苣苔科
属名：袋鼠花属

特征 Characteristic

多年生草本，基部半木质。叶片卵状，稍肉质，全缘。花单朵腋生，萼片5片，花冠唇状，下部膨大似鱼肚，前端5裂，裂片三角形。

花期 Flowering

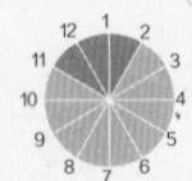

蜡梅

Chimonanthus praecox

参数 Data

科名：蜡梅科

属名：蜡梅属

特征 Characteristic

落叶灌木，枝条灰褐色，有皮孔。叶片椭圆形或卵状披针形，全缘。先花后叶，有香味，腋生于二年枝上，花被片匙形或圆形。

花期 Flowering

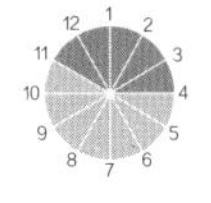

白及

Bletilla striata

参数 Data

科名：兰科

属名：白及属

特征 Characteristic

多年生草本，具假鳞茎。叶片披针形，基部抱茎。花序轴“之”字形曲折，不分枝，苞片长圆状披针形，花萼长圆形，与花瓣等长，花瓣宽于萼片，唇瓣较短，倒卵状长圆形。

花期 Flowering

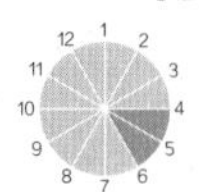

贝母兰

Coelogyne cristata 

参数 Data

科名：兰科

属名：贝母兰属

特征 Characteristic

附生草本，假鳞茎卵形，具根状茎。顶生2片叶。叶片狭披针形，坚纸质，全缘。花梗从根状茎上抽出，总状花序，苞片卵状披针形，萼片狭长圆形，唇瓣卵形。

花期 Flowering

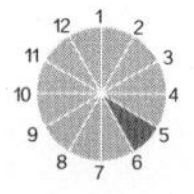

齿瓣石斛

Dendrobium devonianum 

参数 Data

科名：兰科

属名：石斛属

特征 Characteristic

附生草本，茎肉质，下垂，有节。叶片狭披针形，纸质，基部抱茎。总状花序从老茎上抽出，花苞片卵形，中萼片卵状披针形，侧萼片基部稍倾斜，花瓣卵形，外缘有短流苏。

花期 Flowering

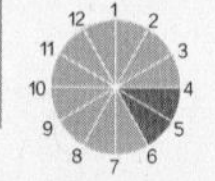

翅萼石斛

Dendrobium cariniferum

参数 Data

科名：兰科

属名：石斛属

特征 Characteristic

附生草本，茎肉质，纺锤形或圆柱形。叶片长圆形，革质。总状花序顶生或近顶生，苞片卵形，中萼片卵状披针形，侧萼片卵状三角形，花瓣长圆状椭圆形，唇瓣喇叭形。

花期 Flowering

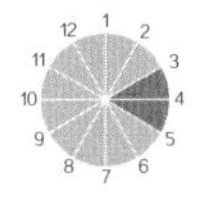

春兰

Cymbidium goeringii

参数 Data

科名：兰科

属名：兰属

特征 Characteristic

地生草本，卵圆状的假鳞茎稍小。叶片线形，下部常对折呈“v”形。花梗直立，从假鳞茎上抽出，花单生，萼片狭长圆形，花瓣卵状长圆形，唇瓣近卵形，前端3裂。

花期 Flowering

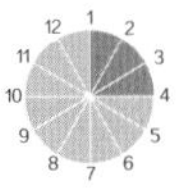

大花蕙兰

Cymbidium hybrid

参数 Data

科名：兰科

属名：兰属

特征 Characteristic

多年生草本，有粗壮的假鳞茎。叶片丛生，剑形，革质，全缘。花梗从假鳞茎中抽出，多花组成总状花序，花大，萼片和花瓣离生。

花期 Flowering

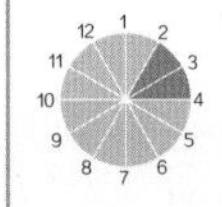

大花万代兰

Vanda coerulea

参数 Data

科名：兰科

属名：万代兰属

特征 Characteristic

附生草本，茎粗壮。叶片带状，先端尖，或圆钝，叶缘平滑无锯齿。花顶生，花苞片宽卵形，先端圆钝，花瓣倒卵形，先端圆形，部分品种会有斑点。

花期 Flowering

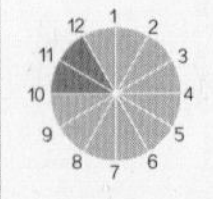

叠鞘石斛

Dendrobium aurantiacum var.denneanum

参数 Data

科名：兰科
属名：石斛属

特征 Characteristic

附生草本，茎不分枝，有节。叶片狭长圆形，基部有抱茎的鞘。总状花序侧生于上一年落叶茎上，花苞片船形，中萼片长圆状卵形，侧萼片长圆形，花瓣椭圆形，唇瓣近卵形。

花期 Flowering

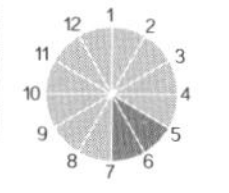

兜唇石斛

Dendrobium aphyllum

参数 Data

科名：兰科
属名：石斛属

特征 Characteristic

附生草本，茎肉质，下垂，不分枝。叶片卵状披针形，纸质，全缘。花生长在老茎上排列成总状，苞片卵形，中萼片披针形，侧萼片基部倾斜，花瓣卵圆形，唇瓣近圆形。

花期 Flowering

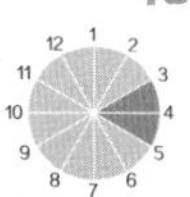

独蒜兰

Pleione bulbocodioides

参数 Data

科名：兰科

属名：独蒜兰属

特征 Characteristic

半附生草本，具假鳞茎。叶片狭披针形，先端渐尖，纸质。花梗直立，苞片线状长圆形，中萼片近倒披针形，侧萼片略有倾斜，花瓣倒披针形，唇瓣上有深色斑。

花期 Flowering

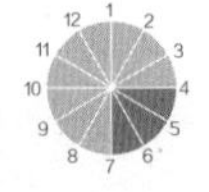

杜鹃兰

Cremastra appendiculata

参数 Data

科名：兰科

属名：杜鹃兰属

特征 Characteristic

地生草本，具假鳞茎。叶片1片，从假鳞茎顶端长出，近椭圆形，全缘。花梗较长，从假鳞茎上抽出，总状花序，在花梗一侧生出，萼片倒披针形，花瓣倒披针形或狭披针形，唇瓣条状，花微香。

花期 Flowering

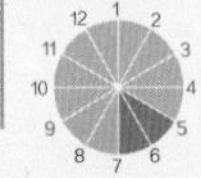

多花指甲兰

Aerides rosea

参数 Data

科名：兰科

属名：指甲兰属

特征 Characteristic

多年生草本，有粗壮的茎。叶片狭披针形或带形，肉质。花序轴较长，总状花序密生多花，苞片长圆形，萼片倒卵形，侧萼片稍斜，唇瓣3裂，侧裂片较小，中裂片近菱形，边缘上有锯齿。

花期 Flowering

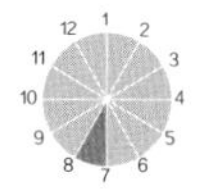

高斑叶兰

Goodyera procera

参数 Data

科名：兰科

属名：斑叶兰属

特征 Characteristic

多年生草本，根状茎上有节。叶片狭椭圆形，先端渐尖。总状花序密生小花，具芳香；苞片卵状披针形，萼片椭圆形，与花瓣黏合成袋状，花瓣匙形。

花期 Flowering

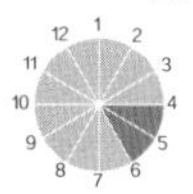

寒兰

Cymbidium kanran

参数 Data

科名：兰科

属名：兰属

特征 Characteristic

地生草本，茎狭卵球形。叶长条披针形，先端尖，叶缘平滑，叶背有凸出中脉。花通常疏散分布在枝端，花瓣唇形，有香味，萼片近线形。

花期 Flowering

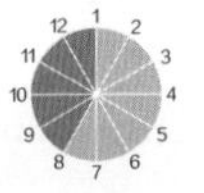

鹤顶兰

Phaius tankervilleae

参数 Data

科名：兰科

属名：鹤顶兰属

特征 Characteristic

多年生草本，有圆锥状的假鳞茎。叶片长圆状披针形，互生。花梗从叶腋或假鳞茎基部抽出，上有多朵花排列成总状花序，萼片长圆状披针形，花瓣长圆形，唇瓣前端紫色。

花期 Flowering

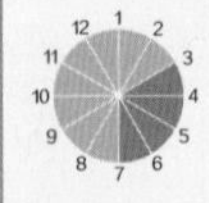

蝴蝶兰

Phalaenopsis aphrodite

参数 Data

科名：兰科

属名：蝴蝶兰属

特征 Characteristic

茎短。叶片肉质，镰刀状长圆形，先端尖锐，基部具短鞘。花侧生于茎部，有时分枝，花苞片卵状三角形，中间花瓣卵圆形，先端圆钝，无锯齿。

花期 Flowering

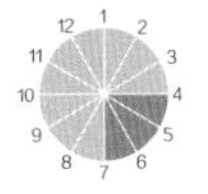

虎头兰

Cymbidium hookerianum

参数 Data

科名：兰科

属名：兰属

特征 Characteristic

多年生草本，有狭卵形的假鳞茎。叶片条形，叶缘全缘，前端急尖。总状花序，苞片卵状三角形，萼片长圆形，花瓣窄长圆形，唇瓣近圆形，前端3裂，中裂片稍外卷，侧裂片直立。

花期 Flowering

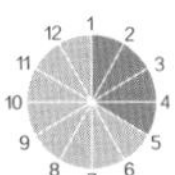

蕙兰
Cymbidium faberi

参数 Data
科名：兰科
属名：兰属

特征 Characteristic
地生草本。叶片较直立，呈带状，叶缘具粗锯齿。多朵花排列成总状花序，有香气；萼片狭倒卵形，花瓣比萼片短，唇瓣卵状长圆形，有紫红色斑点。

花期 Flowering
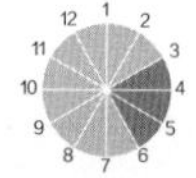

火烧兰
Epipactis helleborine

参数 Data
科名：兰科
属名：火烧兰属

特征 Characteristic
地生草本，具粗短的根状茎。叶片卵形或椭圆状披针形，随茎向上逐渐变为披针形。总状花序，苞片呈叶状，中萼片长圆形，侧萼片稍斜，花瓣椭圆形，唇瓣中间呈凹状，上唇三角状，下唇兜状。

花期 Flowering
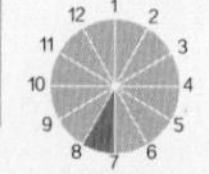

建兰

Cymbidium ensifolium

参数 Data

科名：兰科

属名：兰属

特征 Characteristic

多年生草本，具假鳞茎。叶片长披针形，上部边缘稍有小齿。花梗从基部抽出，总状花序，萼片长圆形，侧萼片向下斜展，花瓣狭椭圆形，唇瓣卵状矩圆形，上有3裂，中萼片边缘波状，花较香。

花期 Flowering

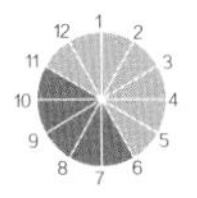

聚石斛

Dendrobium lindleyi

参数 Data

科名：兰科

属名：石斛属

特征 Characteristic

附生草本，茎纺锤形或卵状长圆形。叶片长圆形，革质，边缘呈波状。总状花序顶生，花橘黄色开展，薄纸质；苞片小狭圆状三角形，萼片卵状披针形，花瓣宽椭圆形，唇瓣近肾形。

花期 Flowering

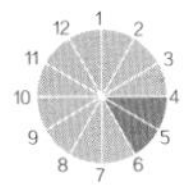

离萼杓兰

Cypripedium plectrochilum

参数 Data

科名：兰科

属名：杓兰属

特征 Characteristic

多年生草本，根状茎粗短。叶片基部具鞘，鞘抱茎，叶片长圆形，全缘。花单朵顶生，苞片呈叶状，中萼片长圆形，侧萼片线形，离生，唇瓣深囊状，似小豆。

花期 Flowering

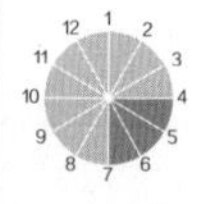

流苏石斛

Dendrobium fimbriatum

参数 Data

科名：兰科

属名：石斛属

特征 Characteristic

附生草本，茎粗壮下垂，不分枝。叶片长圆状披针形，先端急尖，基部抱茎。总状花序，轴略弯，苞片卵状三角形，中萼片长圆形，侧萼片基部稍斜，花瓣卵状长圆形。

花期 Flowering

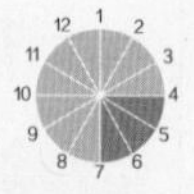

美花兰

Cymbidium insigne

参数 Data

科名：兰科

属名：兰属

特征 Characteristic

地生或附生，假鳞茎球状。叶片带形，先端渐尖，全缘。花梗粗壮，稍外弯，多花组成总状花序，苞片三角形，花瓣狭倒卵形，唇瓣3裂，裂片上有斑点。

花期 Flowering

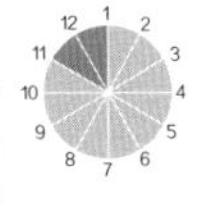

美花石斛

Dendrobium loddigesii

参数 Data

科名：兰科

属名：石斛属

特征 Characteristic

附生草本，茎细弱，有节。叶片长圆状披针形，先端尖锐。花侧生于茎顶，苞片卵形，中萼片卵状长圆形，花瓣卵圆形，唇瓣近圆形，中央金黄色。

花期 Flowering

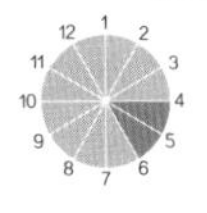

密花石斛

Dendrobium densiflorum

参数 Data

科名：兰科

属名：石斛属

特征 Characteristic

附生草本，茎纺锤状或圆柱状，不分枝。叶片近顶生，长圆状披针形，基部抱茎。总状花序密生多花，苞片倒卵状，中萼片卵形，侧萼片卵状披针形，花瓣近圆形，唇瓣圆状菱形。

花期 Flowering

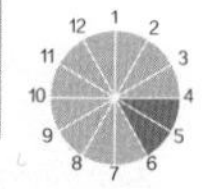

墨兰

Cymbidium sinense

参数 Data

科名：兰科

属名：兰属

特征 Characteristic

地生草本，花茎直立。叶片基部丛生，带形，先端渐尖，叶缘平滑，叶表无毛有光泽。花呈穗状花序顶生，花瓣短而宽，有香味。

花期 Flowering

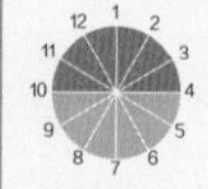

盆距兰

Gastrochilus calceolaris

参数 Data

科名：兰科

属名：盆距兰属

特征 Characteristic

附生草本，茎弧形弯曲。叶片狭长圆形，互生，稍肉质。伞房状花序侧生，花萼倒卵状长圆形，带紫褐色斑点，花瓣与花萼相似，只是略小一点；前唇新月状三角形，向前伸展，后唇盔形。

花期 Flowering

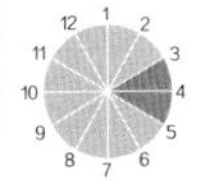

山兰

Oreorchis patens

参数 Data

科名：兰科

属名：山兰属

特征 Characteristic

地生草本，有近圆形的假鳞茎。叶片1片，生于假鳞茎顶端，线形或线状卵形，花梗从假鳞茎上抽出，总状花序，苞片狭披针形，萼片和花瓣呈披针形，唇瓣3裂，裂片边缘稍有齿。

花期 Flowering

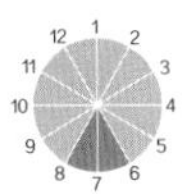

杓兰

Cypripedium calceolus

参数 Data

科名：兰科

属名：杓兰属

特征 Characteristic

多年生直立草本，根状茎粗壮。叶片卵状椭圆形，叶脉较深，边缘有小毛。1~2朵花顶生，苞片长圆形，呈叶状，萼片卵形，花瓣线形，唇瓣囊状，椭圆形。

花期 Flowering

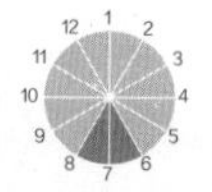

石斛

Dendrobium nobile

参数 Data

科名：兰科

属名：石斛属

特征 Characteristic

附生草本，肉质茎肥厚，上有节，节间肿大，呈倒圆锥形。叶片长圆形，基部抱茎。总状花序，苞片卵状披针形，萼片长圆形，花瓣斜宽卵形，唇瓣宽卵形。

花期 Flowering

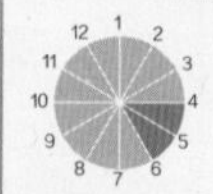

石仙桃

Pholidota chinensis

参数 Data

科名：兰科

属名：石仙桃属

特征 Characteristic

多年生草本，有匍匐且粗壮的根状茎。叶片倒卵状椭圆形，革质。总状花序，稍外弯，苞片卵形，中萼片卵状椭圆形，侧萼片卵状披针形，花瓣披针形，唇瓣轮廓近宽卵形，3浅裂。

花期 Flowering

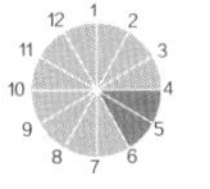

绶草

Spiranthes sinensis

参数 Data

科名：兰科

属名：绶草属

特征 Characteristic

多年生草本，茎较短，根肉质。叶片基生，宽线状披针形，先端急尖，叶表光滑。花茎直立，花序密集聚合生长于顶部，苞片卵状披针形，呈螺旋状向上开放。

花期 Flowering

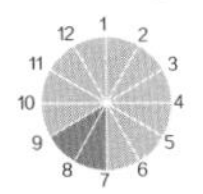

束花石斛

Dendrobium chrysanthum

参数 Data

科名：兰科

属名：石斛属

特征 Characteristic

多年生草本，具粗厚的肉质茎。叶片长圆形，下部有叶鞘，抱茎。侧生伞状花序，苞片卵状三角形，萼片稍凹，中萼片椭圆形，侧萼片卵状三角形，花瓣倒卵形，唇瓣肾形。

花期 Flowering

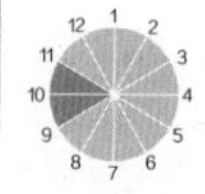

天鹅兰

Cycnoches chlorochilon

参数 Data

科名：兰科

属名：天鹅兰属

特征 Characteristic

多年生草本。叶缘长条状披针形，先端尖，叶缘无锯齿。花茎长而弯曲，形似天鹅颈部。花生于花梗两侧，有香味，花瓣卵圆形，先端尖。

花期 Flowering

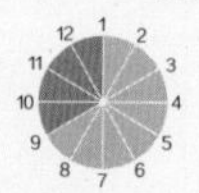

纹瓣兰

Cymbidium aloifolium .

参数 Data

科名：兰科

属名：兰属

特征 Characteristic

附生草本，假鳞茎球形。叶片带状，略外弯，厚革质。花梗抽出后下垂，上有多朵小花排列成总状花序，微香，萼片狭长圆形，花瓣狭椭圆形，唇瓣近卵形。

花期 Flowering

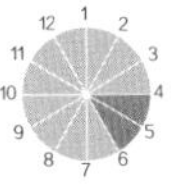

细叶石斛

Dendrobium hancockii

参数 Data

科名：兰科

属名：石斛属

特征 Characteristic

附生多年生草本，茎上的节膨大成纺锤状，上部分枝。叶片狭长圆形，互生于枝干上部。总状花序，上有1~2朵花，苞片卵形，中萼片卵状椭圆形，侧萼片稍狭，花瓣椭圆形，唇瓣长宽相等。

花期 Flowering

虾脊兰

Calanthe discolor

参数 Data

科名：兰科

属名：虾脊兰属

特征 Characteristic

多年生草本，具假鳞茎。叶片倒卵形，前端急尖。花疏生排列成总状花序，花苞片卵状披针形，萼片椭圆形，花瓣倒披针形，等长或稍短于萼片；唇瓣扇形，有3深裂，侧裂片镰状倒卵形。

花期 Flowering

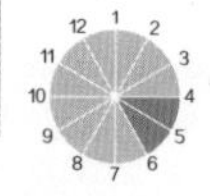

银带虾脊兰

Calanthe argenteo-striata

参数 Data

科名：兰科

属名：虾脊兰属

特征 Characteristic

多年生草本，具圆锥状的假鳞茎。叶片长圆形或椭圆形，先端急尖。花梗从叶丛中央抽出，总状花序，上有十多朵花，苞片宽卵形，萼片椭圆形或卵形，花瓣近匙形。

花期 Flowering

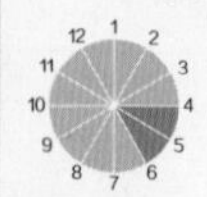

朱兰

Pogonia japonica

参数 Data

科名：兰科

属名：朱兰属

特征 Characteristic

多年生草本，根状茎直立。叶片长圆形，在基部抱茎。单花顶生，斜向展开，苞片狭披针形，呈叶状，萼片狭长圆状倒披针形，唇瓣披针形，中部3裂，侧裂片前端有小齿，中裂片倒卵形，边缘有缺刻。

花期 Flowering

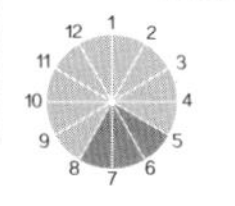

竹叶兰

Arundina graminifolia

参数 Data

科名：兰科

属名：竹叶兰属

特征 Characteristic

多年生草本，地下根状茎卵球形。叶片线状披针形，先端渐尖，叶缘平滑无锯齿，微向内卷。花序顶生，型小，苞片宽卵状三角形，唇瓣轮廓近长圆形。

花期 Flowering

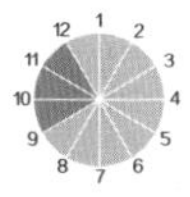

紫点杓兰

Cypripedium guttatum

参数 Data

科名：兰科

属名：杓兰属

特征 Characteristic

多年生直立草本，根状茎横向生长，茎基部有鞘。叶片顶生，叶片长圆形，先端渐尖。单花顶生，苞片长圆形，呈叶状，萼片卵状椭圆形，花瓣近提琴形，唇瓣深囊状，呈钵形。

花期 Flowering

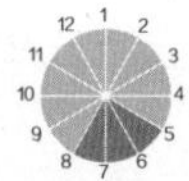

米仔兰

Aglaia odorata

参数 Data

科名：楝科

属名：米仔兰属

特征 Characteristic

小乔木或灌木，多分枝。奇数羽状复叶，叶柄上有小翅，小叶片倒卵形，全缘。腋生圆锥状花序，花萼5裂，花瓣5片，近圆形，雄蕊管近钟状，无毛。

花期 Flowering

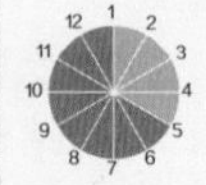

珊瑚藤

Antigonon leptopus

参数 Data

科名：蓼科

属名：珊瑚藤属

特征 Characteristic

常绿木质藤本，具块状茎。叶片卵形至矩圆状卵形，前端渐尖，叶脉明显。圆锥状花序，排列成总状，花序轴顶端为卷须，苞片5片合生。瘦果圆锥形。

花期 Flowering

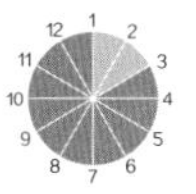

倒挂金钟

Fuchsia hybrida

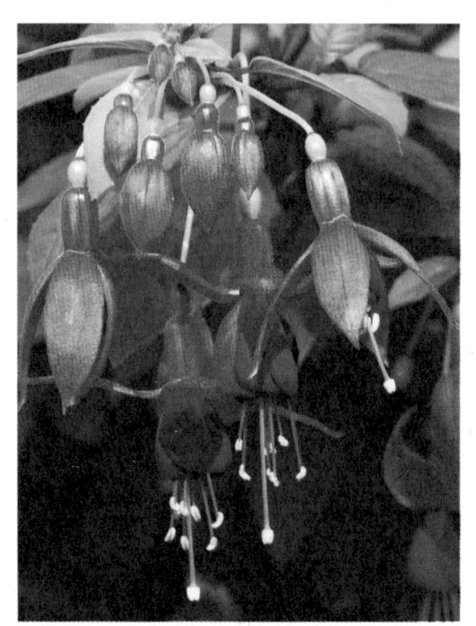

参数 Data

科名：柳叶菜科

属名：倒挂金钟属

特征 Characteristic

半灌木，枝条直立。叶片椭圆形，前端渐尖，叶缘有浅齿。两性花单生，下垂，花管筒状，萼片三角状披针形或长圆形，花开时反折，花瓣宽倒卵形。

花期 Flowering

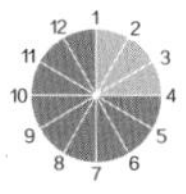

黄花水龙

Ludwigia peploides subsp.stipulacea

参数 Data

科名：柳叶菜科

属名：丁香蓼属

特征 Characteristic

多年生浮水或挺水草本，密生须状根。有较长的浮水茎和较短的直立茎。叶片长圆形，全缘。花在叶腋单生，苞片三角状，萼片5片，三角形，花瓣5片，倒卵形。

花期 Flowering

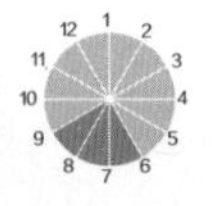

柳兰

Epilobium angustifolium

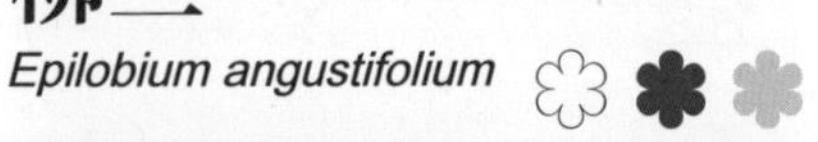

参数 Data

科名：柳叶菜科

属名：柳叶菜属

特征 Characteristic

多年生直立草本，常上部分枝。叶片卵状披针形，随茎向上逐渐变为狭披针形，叶缘有疏齿。总状花序顶生呈圆锥状，下部苞片叶状，萼片长圆状披针形。

花期 Flowering

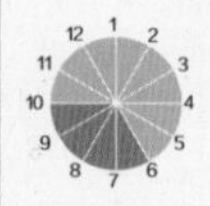

山桃草

Gaura lindheimeri

参数 Data

科名：柳叶菜科
属名：山桃草属

特征 Characteristic

多年生直立草本，分枝多。叶片倒披针形，叶缘有波状齿。花序直立生于枝顶，呈穗状，苞片狭披针形，萼片开花时反折，花瓣偏于一侧，椭圆形，花丝伸出。

花期 Flowering

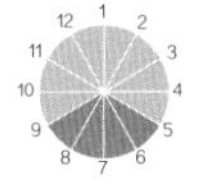

月见草

Oenothera biennis

参数 Data

科名：柳叶菜科
属名：月见草属

特征 Characteristic

二年生直立草本，茎不分枝。叶片倒披针形，随茎向上逐渐变小，叶缘有钝齿。穗状花序顶生，苞片叶状，萼片窄长圆形，未开花时闭合，开花后向外反折，又自中部上卷。

花期 Flowering

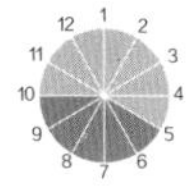

六出花

Alstroemeria hybrid

参数 Data

科名：六出花科

属名：六出花属

特征 Characteristic

多年生草本。叶片长椭圆形，先端渐尖，叶缘有密锯齿。腋生总状花序，多朵花疏生，苞片卵状，花萼5裂，裂片卵状三角形，花冠坛形，前端5浅裂。

花期 Flowering

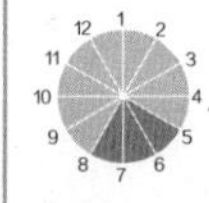

喉毛花

Comastoma pulmonarium

参数 Data

科名：龙胆科

属名：喉毛花属

特征 Characteristic

一年生草本，茎直立有分枝。基生叶，数量少，短圆状匙形，先端圆钝；茎生叶卵状披针形，先端尖。花顶生，花瓣5片，三角形或窄椭圆形，先端尖。

花期 Flowering

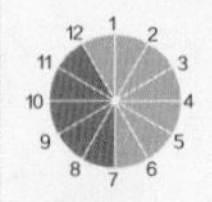

蓝玉簪龙胆

Gentiana veitchiorum

参数 Data

科名：龙胆科

属名：龙胆属

特征 Characteristic

多年生草本，须状根肉质。基部叶呈莲花座状，狭披针形；茎生叶卵形，沿茎向上逐渐变为披针形，且逐渐变小。单花生于枝顶，萼筒筒状，前端裂片线形，花冠漏斗状。

花期 Flowering

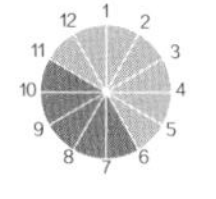

龙胆

Gentiana scabra

参数 Data

科名：龙胆科

属名：龙胆属

特征 Characteristic

多年生草本，根茎或直立或匍匐。花枝直立，近圆形，单生。枝下部叶鳞片状抱茎，中上部叶狭披针形，叶缘微外卷。花多数簇生，苞片狭披针形，萼筒宽筒状，前端裂片线形，花冠筒状钟形。

花期 Flowering

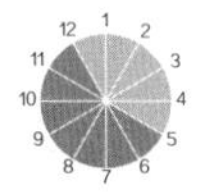

头花龙胆

Gentiana cephalantha

参数 Data

科名：龙胆科

属名：龙胆属

特征 Characteristic

多年生草本，主茎发达粗壮，分枝多。叶片狭椭圆形，先端尖或钝，叶缘微外卷，两面有明显叶脉。花顶生，呈杯状，花瓣先端尖，无毛。

花期 Flowering

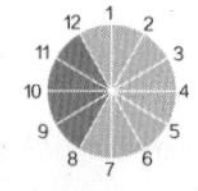

洋桔梗

Eustoma grandiflorum

参数 Data

科名：龙胆科

属名：洋桔梗属

特征 Characteristic

多年生草本，常作为一年或二年生栽培。叶片变化大，从卵形到披针形，基部抱茎，全缘。花单朵顶生，苞片宽线形，花冠漏斗状，花瓣因品种不同会有单瓣和重瓣的区别，重瓣花花瓣呈覆瓦状排列。

花期 Flowering

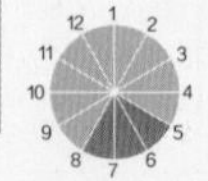

独丽花

Moneses uniflora

参数 Data

科名：鹿蹄草科

属名：独丽花属

特征 Characteristic

常绿矮小草本状亚灌木，茎横向生长，具分枝。叶片基生，近圆形，叶缘有锯齿。花梗有卵状小翅，呈兜状。花单朵顶生，花萼卵状椭圆形，花冠碟形，花瓣卵形。

花期 Flowering

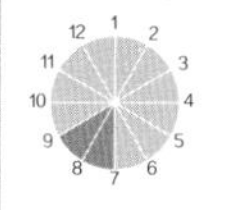

球兰

Hoya carnosa

参数 Data

科名：萝藦科

属名：球兰属

特征 Characteristic

攀援灌木，具气根。叶片卵圆形，肉质，边缘全缘。腋生聚伞状花序呈伞形，花多朵，花冠辐射状，副花冠星状。

花期 Flowering

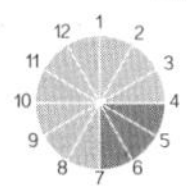

铁草鞋

Hoya pottsii

参数 Data

科名：萝藦科

属名：球兰属

特征 Characteristic

攀援灌木，全株无毛。叶片肉质，干后会变厚革质，卵圆形或卵状长圆形，前端急尖。腋生聚伞状花序，花冠裂片宽卵形。果皮上有斑点。

花期 Flowering

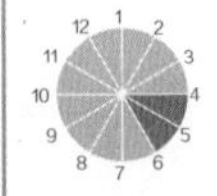

落葵

Basella alba

参数 Data

科名：落葵科

属名：落葵属

特征 Characteristic

一年生缠绕草本。茎肉质，叶卵形，广卵形，先端渐尖，全缘。腋生穗状花序，苞片很小，早落，小苞片2片，宿存，萼状，被片卵状长圆形。果实黑色，近球形。

花期 Flowering

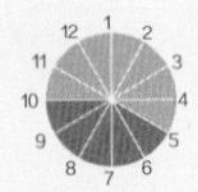

苞花大青

Clerodendrum bracteatum

参数 Data

科名：马鞭草科

属名：大青属

特征 Characteristic

灌木或小乔木，小枝略呈四棱形。叶片宽卵形，先端渐尖，叶缘少数有浅锯齿，两面均有黄棕色短柔毛。聚伞状花序密生，苞片卵形至椭圆形。

花期 Flowering

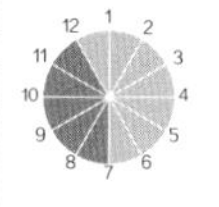

赪桐

Clerodendrum japonicum

参数 Data

科名：马鞭草科

属名：大青属

特征 Characteristic

落叶灌木，枝条干后还是实心。叶片心形或卵圆形，表面有毛，叶缘有疏锯齿，有毛。花序二歧分枝，聚伞状花序顶生成圆锥花序，苞片卵状披针形，花萼5深裂，裂片卵形，花冠裂片长圆状展开，雄蕊伸出。

花期 Flowering

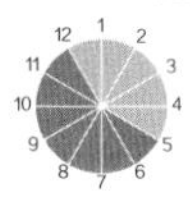

冬红

Holmskioldia sanguinea

参数 Data

科名：马鞭草科

属名：冬红属

特征 Characteristic

常绿灌木，小枝上有毛。叶片卵形或阔卵形，边缘具锯齿。聚伞状花序顶生，呈圆锥状，花萼从花梗基部向上扩展成宽圆锥状碟形，花冠上有腺点。

花期 Flowering

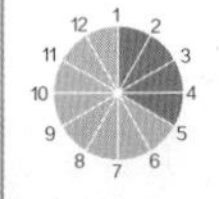

假连翘

Duranta repens

参数 Data

科名：马鞭草科

属名：假连翘属

特征 Characteristic

灌木，小枝上有皮刺。叶片长圆形，前端有锯齿，有时全缘。总状花序排成圆锥状，花萼管状，5裂，花冠5裂，裂片平展，边缘呈褶皱状。

花期 Flowering

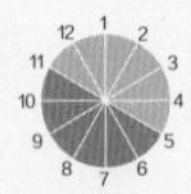

蓝花藤

Petrea volubilis

参数 Data

科名：马鞭草科
属名：蓝花藤属

特征 Characteristic

木质藤本，小枝灰白色。叶片椭圆状长卵形，全缘或浅波状。总状花序顶生，稍下垂，萼管陀螺形，裂片呈开展状，狭长圆形，花冠5深裂。

花期 Flowering

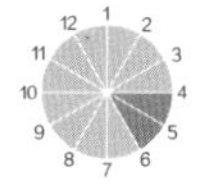

龙吐珠

Clerodendron thomsonae

参数 Data

科名：马鞭草科
属名：大青属

特征 Characteristic

攀援状灌木，茎四棱形。叶片狭卵形，纸质，全缘。花序二歧分枝，呈聚伞状，花萼基部合生，中部膨大，顶端5深裂，裂片三角状卵形；花冠深红色，雄蕊与花柱伸出于花冠外。

花期 Flowering

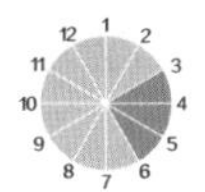

美女樱

Verbena hybrida

参数 Data

科名：马鞭草科

属名：马鞭草属

特征 Characteristic

多年生草本，常作为一年或二年生栽培。茎匍匐状，常丛生。叶长椭圆形，叶缘有钝锯齿。顶生穗状花序排列成伞房状，花萼细筒状，花冠漏斗状，花瓣开展，前端有2裂。

花期 Flowering

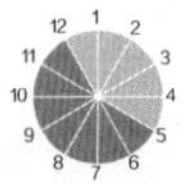

蒙古莸

Caryopteris mongholica

参数 Data

科名：马鞭草科

属名：莸属

特征 Characteristic

落叶小灌木，有分枝。叶片线状披针形或线状长圆形，全缘。腋生聚伞状花序呈总状，无苞片，花萼钟状，5深裂，裂片线状披针形，花冠5裂，边缘缺刻密集。

花期 Flowering

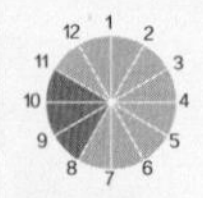

大花马齿苋

Portulaca grandiflora

参数 Data

科名：马齿苋科

属名：马齿苋属

特征 Characteristic

一年生草本，有分枝。叶片细圆柱形，随茎向上逐渐密集，全缘。花单朵或多朵簇生枝顶，白天开放，总苞叶状，萼片卵状三角形，单瓣花5片或重瓣，倒卵形。

花期 Flowering

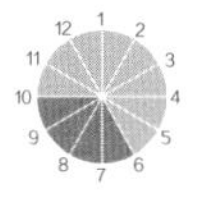

马兜铃

Aristolochia debilis

参数 Data

科名：马兜铃科

属名：马兜铃属

特征 Characteristic

多年生缠绕草本，茎无毛。叶互生，三角状卵形，先端圆钝或稍尖，叶缘平滑，叶表光滑无毛。花生于叶腋，小苞片三角形，花被基部膨大呈球形，上部收缩成管状口。

花期 Flowering

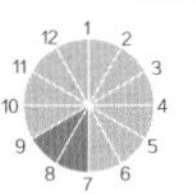

大叶醉鱼草

Buddleja davidii .

参数 Data

科名：马钱科

属名：醉鱼草属

特征 Characteristic

灌木，小枝四棱形。叶对生，椭圆状披针形，先端渐尖，叶缘有锯齿，叶表深绿色，不平滑。花顶生，呈穗状圆锥花序，花冠裂片近圆形。

花期 Flowering

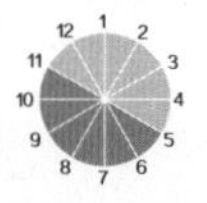

密蒙花

Buddleja officinalis

参数 Data

科名：马钱科

属名：醉鱼草属

特征 Characteristic

灌木，小枝灰褐色。叶片卵状披针形或长圆状披针形，全缘。花多朵密生成圆锥状花序，排列成聚伞状花序，小苞片披针形，花萼钟形，花冠管圆筒状，前端裂片卵圆形。

花期 Flowering

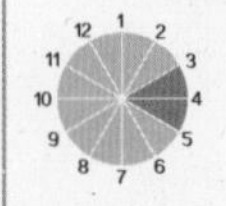

老鹳草

Geranium wilfordii

参数 Data

科名：牻牛儿苗科
属名：老鹳草属

特征 Characteristic

多年生草本，根茎直立粗壮。基生叶和茎生叶对生，基生叶片圆肾形，茎生叶长卵形，先端尖。花腋生或顶生，花瓣5片，倒卵形，花丝淡棕色。

花期 Flowering

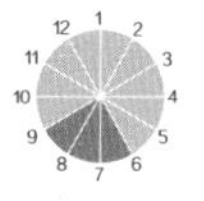

牻牛儿苗

Erodium stephanianum

参数 Data

科名：牻牛儿苗科
属名：牻牛儿苗属

特征 Characteristic

多年生草本，茎呈仰卧状或蔓生。叶对生，托叶三角状披针形，先端尖，两面有柔毛。伞形花序2-5朵花，无香味，花瓣5片，倒卵形。

花期 Flowering

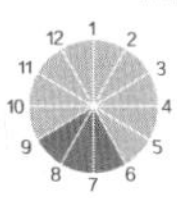

天竺葵

Pelargonium hortorum

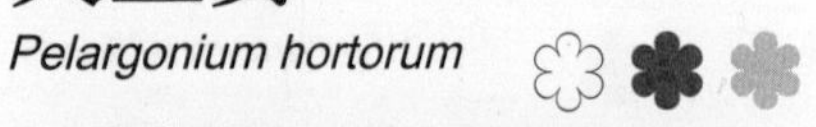

参数 Data

科名：牻牛儿苗科
属名：天竺葵属

特征 Characteristic

多年生草本。叶互生，圆形，叶缘呈波浪状，有细锯齿，两面有柔毛。花聚集伞状花序腋生，无香味，花瓣宽倒卵形，先端圆形或微有缺口。

花期 Flowering

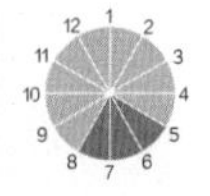

川赤芍

Paeonia veitchii

参数 Data

科名：毛茛科
属名：芍药属

特征 Characteristic

多年生草本，根圆柱形。叶呈羽状分裂，披针形，先端尖，叶表深绿色，叶背淡绿色。花生于茎顶及叶腋，花瓣倒卵形，边缘不平滑。

花期 Flowering

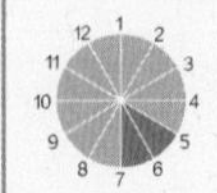

翠雀

Delphinium grandiflorum

参数 Data

科名：毛茛科

属名：翠雀属

特征 Characteristic

多年生草本。叶圆五角形，有裂口近菱形，两面有疏毛或无毛。花生于茎顶或茎侧端，花瓣蓝色，顶端圆形。

花期 Flowering

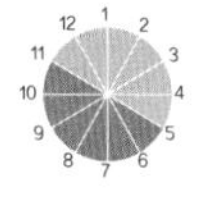

飞燕草

Consolida ajacis

参数 Data

科名：毛茛科

属名：飞燕草属

特征 Characteristic

一年生草本，茎有疏分枝。叶掌状，裂成狭线形小裂片，有柔毛。花单生或聚生，生于茎或分枝顶端，花瓣3裂，萼片宽卵形。

花期 Flowering

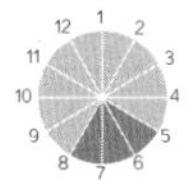

还亮草

Delphinium anthriscifolium

参数 Data

科名：毛茛科
属名：翠雀属

特征 Characteristic

一年生或二年生草本，上有分枝。二至三回羽状复叶，叶片卵状三角形，羽片中裂，裂片披针形。总状花序，基部苞片较小，叶状，萼片长圆形，花瓣斧形，2深裂。

花期 Flowering

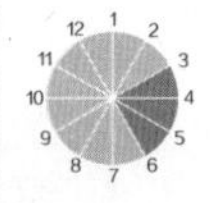

花毛茛

Ranunculus asiaticus

参数 Data

科名：毛茛科
属名：花毛茛属

特征 Characteristic

多年生草本，具纺锤状块根；茎不分枝，有毛。基生叶常三出，上有粗锯齿，茎生叶有羽状浅裂，边缘有钝锯齿。花梗从叶腋抽出，花冠卵圆形，花瓣多轮，每轮花瓣8片。

花期 Flowering

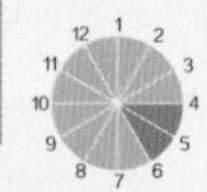

华北耧斗菜

Aquilegia yabeana

参数 Data

科名：毛茛科

属名：耧斗菜属

特征 Characteristic

多年生草本，根呈圆柱形。叶倒卵形或宽菱形，边缘有锯齿，先端尖，叶表无毛，叶背有疏毛。花呈下垂状，无香味，花瓣长椭圆形，先端尖。

花期 Flowering

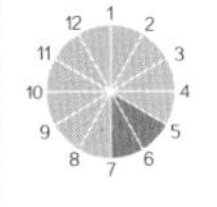

金莲花

Trollius chinensis

参数 Data

科名：毛茛科

属名：金莲花属

特征 Characteristic

多年生草本，全株无毛。叶片五角形，3全裂，先端急尖，叶缘密生锐齿。花单生顶部或少数几朵组成稀疏的聚伞状花序，花瓣线形。

花期 Flowering

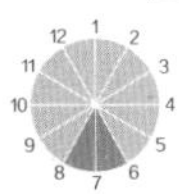

耧斗菜

Aquilegia viridiflora

参数 Data

科名：毛茛科

属名：耧斗菜属

特征 Characteristic

多年生草本，根肥大，外皮黑褐色。基生叶为二回三出复叶，中央小叶楔形，前端3裂，茎生叶沿茎向上变小。花常下垂，苞片3全裂，卵状椭圆形，花瓣直立，倒卵形，雄蕊伸出。

花期 Flowering

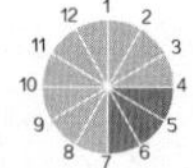

露蕊乌头

Aconitum gymnandrum

参数 Data

科名：毛茛科

属名：乌头属

特征 Characteristic

一年生草本，根近圆柱形。叶三角状卵形，叶表有疏毛，叶背初期有毛，后变无。花聚合状顶生，花瓣有疏毛，长椭圆形，先端圆钝。

花期 Flowering

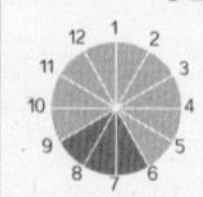

驴蹄草

Caltha palustris

参数 Data

科名：毛茛科

属名：驴蹄草属

特征 Characteristic

多年生草本，茎有细纵向沟纹。叶片圆形或心形，叶缘有细锯齿，叶表有明显纹路。花生于茎顶，花瓣倒卵形，先端圆钝或尖，边缘平滑。

花期 Flowering

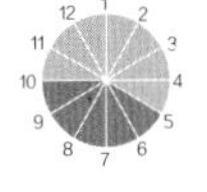

牡丹

Paeonia suffruticosa

参数 Data

科名：毛茛科

属名：芍药属

特征 Characteristic

落叶灌木，枝短而粗。叶面绿色，无毛，叶背淡绿色，叶脉处有微量柔毛。花型大小不等，颜色多样，花瓣重叠状，部分边缘有不规则波状。

花期 Flowering

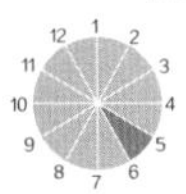

女萎

Clematis apiifolia

参数 Data

科名：毛茛科

属名：铁线莲属

特征 Characteristic

草质藤本，小枝有柔毛。叶宽卵形，先端渐尖，叶缘有不规则锯齿，两面有疏毛。花顶生或腋生，圆锥形聚伞状花序多花，苞片宽卵圆形。

花期 Flowering

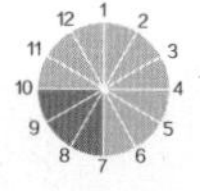

欧洲银莲花

Anemone coronaria

参数 Data

科名：毛茛科

属名：银莲花属

特征 Characteristic

多年生草本，具根状茎。基生叶3全裂，全裂片再3中裂，中裂片有浅裂，小裂片长圆形。伞房状花序顶生，花萼长圆形舌状，瘦果卵圆形近球形。

花期 Flowering

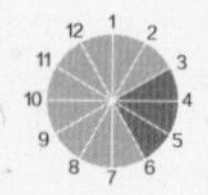

秋牡丹

Anemone hupehensis

参数 Data

科名：毛茛科

属名：银莲花属

特征 Characteristic

多年生草本植物，茎垂直或斜。叶宽卵形，先端急尖，叶缘有锯齿，两面有疏毛。花顶生，花萼片倒卵形，花梗上有密集或疏散柔毛。

花期 Flowering

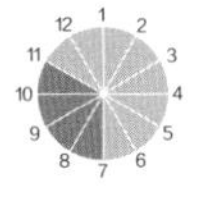

唐松草

Thalictrum aquilegifolium var.sibiricum

参数 Data

科名：毛茛科

属名：唐松草属

特征 Characteristic

多年生草本，茎粗壮。叶对生，倒卵形，先端圆钝或微钝。花聚合密集呈伞房状花序，萼片白色，椭圆形。果倒卵形。

花期 Flowering

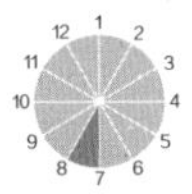

铁筷子

Helleborus thibetanus

参数 Data

科名：毛茛科

属名：铁筷子属

特征 Characteristic

常绿草本，须根密生；茎上部分枝，无毛。基生叶3全裂，裂片倒披针形，有锯齿。茎生叶比基生叶小。花先叶开放或与叶同期，萼片椭圆形，花瓣圆筒状漏斗形。

花期 Flowering

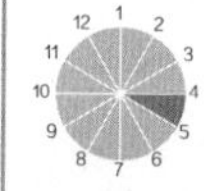

铁线莲

Clematis florida

参数 Data

科名：毛茛科

属名：铁线莲属

特征 Characteristic

草质藤本，茎节部膨大。二回三出复叶，小叶片卵形或卵状披针形，近全缘。花单生叶腋，苞片叶状，小苞片三角状卵形，萼片倒卵状匙形。

花期 Flowering

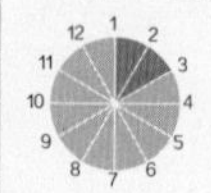

乌头

Aconitum carmichaelii

参数 Data

科名：毛茛科

属名：乌头属

特征 Characteristic

多年生草本，块根倒圆锥形。叶片轮廓五角形，3裂，中央全裂片宽菱形，先端尖，叶缘有不规则锯齿。总状花序顶生，花梗有密被贴毛，苞片狭卵形。

花期 Flowering

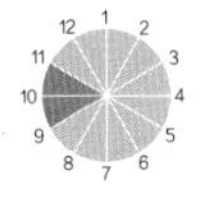

银莲花

Anemone cathayensis

参数 Data

科名：毛茛科

属名：银莲花属

特征 Characteristic

多年生草本，具根状茎。基生叶有长叶柄，叶片肾形，3全裂，全裂片又3裂，二回裂片又浅裂，小裂片卵形或狭圆形。聚伞状花序顶生，萼片倒卵形。瘦果宽扁，近圆形。

花期 Flowering

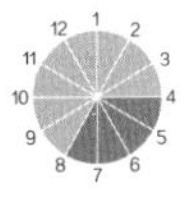

大花美人蕉

Canna generalis

参数 Data

科名：美人蕉科

属名：美人蕉属

特征 Characteristic

草本花卉，茎、叶均有白粉。叶片椭圆形，先端尖，叶缘平滑，叶表中脉明显。花顶生，花型大，花冠披针形，唇瓣倒卵状匙形。

花期 Flowering

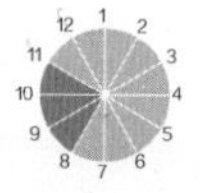

美人蕉

Canna indica

参数 Data

科名：美人蕉科

属名：美人蕉属

特征 Characteristic

多年生草本，全株绿色。叶片卵状长圆形，较大。花疏生形成总状花序，比叶片稍高，苞片卵形，萼片和花冠裂片披针形。蒴果绿色，长卵形。

花期 Flowering

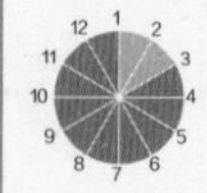

含笑花
Michelia figo

参数 Data

科名：木兰科
属名：含笑属

特征 Characteristic

常绿灌木，分枝多，树皮灰褐色。叶片狭椭圆形，革质，全缘。花直立，有香蕉香味，花被片肉质，长椭圆形；聚合果较长，蓇葖卵圆形，前端有喙。

花期 Flowering

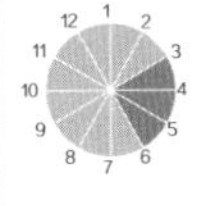

深山含笑
Michelia maudiae

参数 Data

科名：木兰科
属名：含笑属

特征 Characteristic

乔木，树皮灰褐色，较薄。叶片长圆形，叶面深绿色有光泽，全缘。花腋生，苞片佛焰苞状，花被片外轮倒卵形，内轮近匙形，花丝扁平，淡紫色。

花期 Flowering

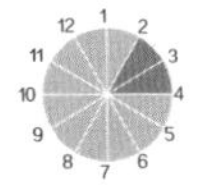

紫花含笑

Michelia crassipes

参数 Data

科名：木兰科

属名：含笑属

特征 Characteristic

小乔木或灌木，树皮灰褐色。叶片倒卵形或狭长圆形，革质，全缘。花香，花被片长椭圆形。心皮椭圆形，聚合果上有10个以上的扁球形蓇葖。

花期 Flowering

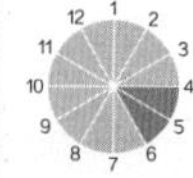

醉香含笑

Michelia macclurei

参数 Data

科名：木兰科

属名：含笑属

特征 Characteristic

乔木，树皮灰白色。叶片椭圆状倒卵形或菱形，革质，全缘。花蕾常包裹2~3个小花蕾，形成聚伞状花序，花被片倒披针形，内轮较小。

花期 Flowering

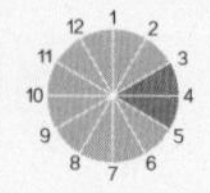

望春玉兰

Magnolia biondii

参数 Data

科名：木兰科

属名：木兰属

特征 Characteristic

落叶乔木，树干胸径可达1m。树皮淡灰色，光滑无毛。叶卵状披针形，先端急尖，边缘无锯齿。花先于叶开放，带香味，花梗顶端膨大。

花期 Flowering

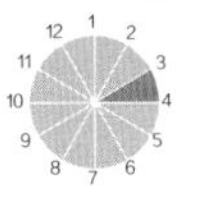

武当木兰

Magnolia sprengeri

参数 Data

科名：木兰科

属名：木兰属

特征 Characteristic

落叶乔木，树皮灰褐色。叶倒卵形，先端急尖，基部楔形，叶两面均有疏毛。花杯状，带香味，花先于叶开放，花瓣倒卵状匙形。聚合果成熟后为褐色。

花期 Flowering

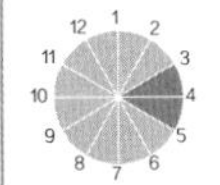

星花木兰

Magnolia tomentosa

参数 Data

科名：木兰科

属名：木兰属

特征 Characteristic

落叶小乔木，树干胸径可达20cm。叶倒卵形，叶表暗绿色，叶背淡绿色，叶背有疏毛，叶缘无锯齿，先端钝尖。花先于叶开放，有香味，花瓣稍向外卷。

花期 Flowering

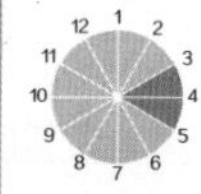

玉兰

Magnolia denudata

参数 Data

科名：木兰科

属名：木兰属

特征 Characteristic

落叶乔木，树皮深灰色，树冠较阔。叶片倒卵状椭圆形，纸质。花先于叶开放，花蕾卵圆形，花被片长圆状卵圆形，花直立，有香味。聚合果圆柱形，种子心形。

花期 Flowering

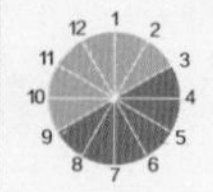

紫玉兰

Magnolia liliflora

参数 Data

科名：木兰科
属名：木兰属

特征 Characteristic

落叶灌木，树皮灰褐色。叶椭圆形或倒卵形，叶表无光泽，深绿色，叶背灰绿色，有短毛。花瓣长卵圆形，先端尖，稍带芳香。

花期 Flowering

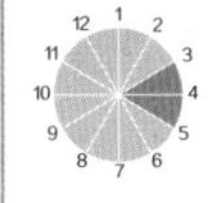

木棉

Bombax malbaricus

参数 Data

科名：木棉科
属名：木棉属

特征 Characteristic

落叶乔木，树皮灰白色。叶长圆形，叶缘无锯齿，顶端渐尖。花呈杯状，多半为红色，少数为橙红色，花瓣长卵圆形，先端渐尖。蒴果表皮有柔毛。

花期 Flowering

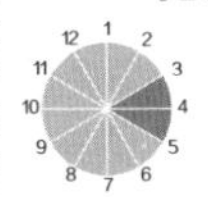

欧丁香

Syringa vulgaris

参数 Data

科名：木樨科

属名：丁香属

特征 Characteristic

灌木或小乔木，树皮灰褐色。叶长卵形，先端渐尖，叶表深绿色，叶背浅绿色。花冠紫色或淡紫色，花瓣4叶，呈十字状开放，卵圆形，微向内凹，有香味。

花期 Flowering

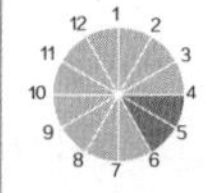

金钟花

Forsythia viridissima

参数 Data

科名：木樨科

属名：连翘属

特征 Characteristic

落叶灌木，树皮无毛，枝红棕色。叶表深绿色，叶背浅绿色，双面无毛。花先于叶开放，花瓣长卵圆形，多数排列生长。果圆形。

花期 Flowering

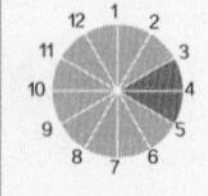

连翘

Forsythia suspensa

参数 Data

科名：木樨科

属名：连翘属

特征 Characteristic

落叶灌木，小枝土黄色或灰褐色。叶表深绿色，叶背浅黄绿，两面均无毛，先端尖锐。花先于叶开放，生于叶腋。

花期 Flowering

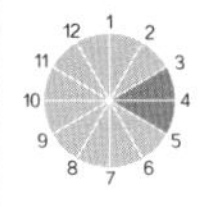

清香藤

Jasminum lanceolarium

参数 Data

科名：木樨科

属名：素馨属

特征 Characteristic

大型攀援灌木。叶对生，长椭圆形或卵圆形，先端尖，叶缘无锯齿，叶表光亮，叶背稍暗淡。复聚伞状花序常排列成圆锥状，花数量多，腋生或顶生。

花期 Flowering

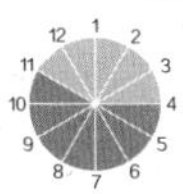

千屈菜

Lythrum salicaria

参数 Data

科名：千屈菜科

属名：千屈菜属

特征 Characteristic

多年生草本，根茎横卧在地下。叶对生，狭披针形，先端尖，叶缘无锯齿。花聚生呈穗状花序，由下向上间接层生，花瓣阔披针形，无香味。

花期 Flowering

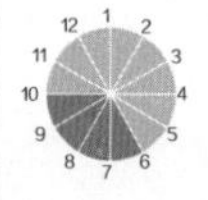

紫薇

Lagerstroemia indica

参数 Data

科名：千屈菜科

属名：紫薇属

特征 Characteristic

落叶灌木或小乔木，树皮灰色，平滑。叶互生，叶表光滑无毛，先端渐尖，叶缘无锯齿。花呈圆锥状花序，顶生于细枝，花瓣呈皱褶状。

花期 Flowering

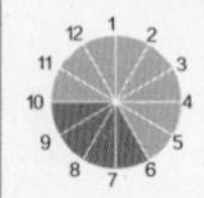

楠藤

Mussaenda erosa

参数 Data

科名：茜草科

属名：玉叶金花属

特征 Characteristic

攀援灌木，小枝无毛。叶长椭圆形，对生，叶表有明显纹路，先端尖。聚伞状花序顶生，花呈五角星形，花瓣顶端圆尖，花冠管外有柔毛。

花期 Flowering

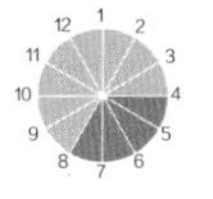

栀子

Gardenia jasminoides

参数 Data

科名：茜草科

属名：栀子属

特征 Characteristic

灌木，枝圆柱形。叶长椭圆形，先端尖，叶表深绿，光亮无毛，叶背暗绿色，花白色，顶生，香味浓厚。

花期 Flowering

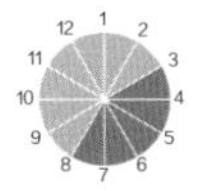

白鹃梅

Exochorda racemosa

参数 Data

科名：蔷薇科
属名：白鹃梅属

特征 Characteristic

落叶灌木，枝褐色。叶片长倒卵形，先端圆钝或尖，叶缘不光滑，叶柄短。花白色，花瓣椭圆状，先端圆钝，萼片三角形，先端尖或钝。

花期 Flowering

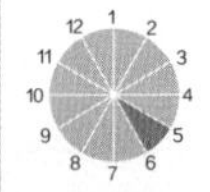

棣棠花

Kerria japonica

参数 Data

科名：蔷薇科
属名：棣棠花属

特征 Characteristic

落叶灌木，小枝绿色。叶互生，椭圆状卵形，先端长尖，叶背有疏毛。花单生于枝顶，花瓣5片，宽椭圆形，先端圆钝。瘦果黑褐色。

花期 Flowering

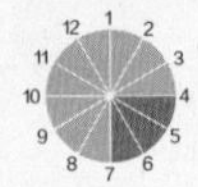

鸡麻

Rhodotypos scandens

参数 Data

科名：蔷薇科

属名：鸡麻属

特征 Characteristic

落叶灌木，小枝紫褐色。叶对生，卵圆形，叶表深绿色，有凹凸状纹路，叶缘有锯齿。花单生于新梢上，花瓣倒卵形，比萼片长。

花期 Flowering

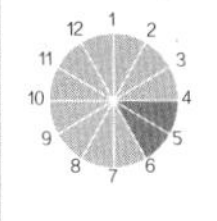

垂丝海棠

Malus halliana

参数 Data

科名：蔷薇科

属名：苹果属

特征 Characteristic

乔木，树冠疏散。叶片长椭圆形，先端尖，叶缘有细锯齿，叶表深绿色，有光泽。花梗细长，向下垂，伞房状花序，花瓣倒卵形。

花期 Flowering

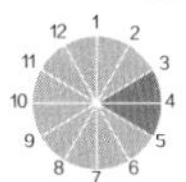

海棠花

Malus spectabilis

参数 Data

科名：蔷薇科

属名：苹果属

特征 Characteristic

落叶乔木，小枝粗壮。叶片椭圆形，先端圆钝或尖，叶缘有锯齿。近伞房状花序，花瓣多数重叠而开，卵形，萼片全缘无毛或偶有疏毛。果近球形。

花期 Flowering

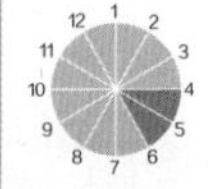

西府海棠

Malus × micromalus

参数 Data

科名：蔷薇科

属名：苹果属

特征 Characteristic

小乔木。叶片长圆形，先端尖，叶缘有锯齿，叶表光滑无毛。花粉色，花瓣层叠开放，花梗细长，苞片线状，披针形。果红色。

花期 Flowering

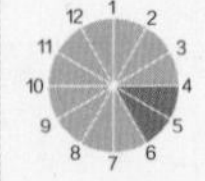

光叶蔷薇

Rosa wichuraiana

参数 Data

科名：蔷薇科

属名：蔷薇属

特征 Characteristic

攀援灌木，小枝红褐色。小叶片椭圆形，叶表暗绿色，光滑无毛，叶背淡绿色，中脉突起。花几朵聚生，带香味，花瓣倒卵形，先端圆钝。

花期 Flowering

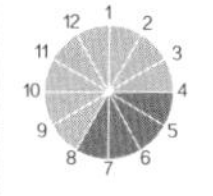

黄刺玫

Rosa xanthina

参数 Data

科名：蔷薇科

属名：蔷薇属

特征 Characteristic

直立灌木，枝粗壮有皮刺，无针刺。叶对生，宽卵形，先端圆钝，边缘有圆钝锯齿，上面无毛。花腋生，花瓣宽倒卵形，先端有凹口。

花期 Flowering

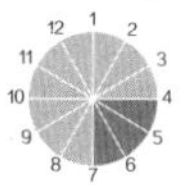

玫瑰

Rosa rugosa

参数 Data

科名：蔷薇科

属名：蔷薇属

特征 Characteristic

直立灌木，茎粗壮。叶长椭圆形，先端尖，边缘有细锯齿，叶表有皱褶。花单生于叶腋，有香味；苞片卵形，先端有缺口，花瓣倒卵形。

花期 Flowering

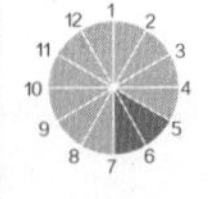

木香花

Rosa banksiae

参数 Data

科名：蔷薇科

属名：蔷薇属

特征 Characteristic

攀援小灌木，羽状复叶。小叶长椭圆形，叶表深绿，无毛，叶背浅绿色，中脉有毛。花多朵聚成伞房状，花瓣多层叠生，倒卵形，先端圆。

花期 Flowering

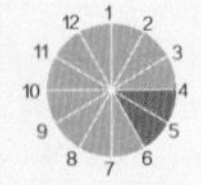

月季花

Rosa chinensis

参数 Data

科名：蔷薇科

属名：蔷薇属

特征 Characteristic

直立灌木，小枝圆柱形。叶长卵圆形，先端长尖，边缘有锯齿，叶表有光泽。花单生或几朵聚生，花瓣层叠开放，倒卵形，先端有凹口。

花期 Flowering

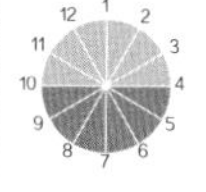

石斑木

Rhaphiolepis indica

参数 Data

科名：蔷薇科

属名：石斑木属

特征 Characteristic

常绿灌木。叶长圆形，先端圆钝，叶缘不光滑，叶表平滑无毛，叶背无毛或少量细柔毛。花顶生，花瓣白色或淡粉红色，倒卵形，无毛。

花期 Flowering

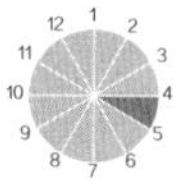

碧桃

Amygdalus persica L. var. *persica* f. *duplex* Rehd

参数 Data

科名：蔷薇科
属名：桃属

特征 Characteristic

乔木，树皮暗红色。枝细长，有光泽。叶片长卵圆形，叶表无毛，叶背有少数短毛或无毛，叶缘有锯齿，先端尖。花先于叶开放，花瓣长圆形。

花期 Flowering

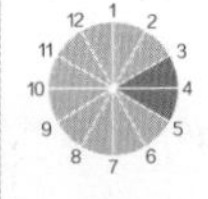

榆叶梅

Amygdalus triloba

参数 Data

科名：蔷薇科
属名：桃属

特征 Characteristic

灌木或小乔木。叶宽椭圆形，先端尖，叶缘有锯齿，叶表有疏毛，叶背有短柔毛。花先于叶开放，花瓣近圆形，先端圆钝或微凹。果实近球形。

花期 Flowering

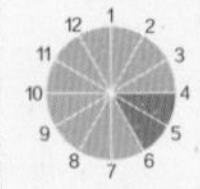

湖北海棠

Malus hupehensis

参数 Data

科名：蔷薇科

属名：苹果属

特征 Characteristic

乔木，树皮暗褐色。叶互生，卵状椭圆形，先端渐尖，叶缘有锯齿。花少数几朵组成伞状花序，花梗长，花瓣倒卵形。果椭圆形。

花期 Flowering

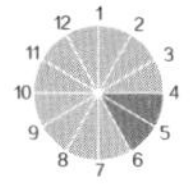

李叶绣线菊

Spiraea prunifolia

参数 Data

科名：蔷薇科

属名：绣线菊属

特征 Characteristic

灌木，小枝细长。叶片绿色，圆披针形，幼时两面有短柔毛，老后叶表无短柔毛，叶缘有细锯齿。花白色，聚伞状花序顶生，花梗有短柔毛。

花期 Flowering

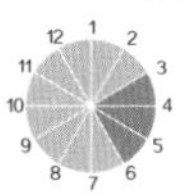

麻叶绣线菊

Spiraea cantoniensis

参数 Data

科名：蔷薇科

属名：绣线菊属

特征 Characteristic

灌木，小枝圆柱形弯曲状。叶菱状长椭圆形，叶表深绿色，叶背灰蓝色，叶缘有锯齿。伞形花序密生枝顶，花白色，花瓣近圆形，先端微凹。

花期 Flowering

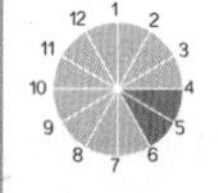

中华绣线菊

Spiraea chinensis

参数 Data

科名：蔷薇科

属名：绣线菊属

特征 Characteristic

灌木，小枝红褐色。叶表暗绿色，有柔毛，倒卵形，先端急尖或圆钝。伞房状花序密生枝顶，花白色，花瓣近圆形，先端圆钝，花柱顶生。

花期 Flowering

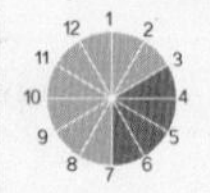

空心泡

Rubus rosaefolius

参数 Data

科名：蔷薇科

属名：悬钩子属

特征 Characteristic

直立或攀援灌木，小枝圆柱形。叶片绿色，卵状披针形，边缘有尖锐缺刻状重锯齿。花白色，常1~2朵聚生在枝顶或叶腋，花瓣长卵圆形或近圆形。果红色，有光泽。

花期 Flowering

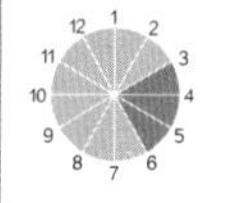

麦李

Cerasus glandulosa

参数 Data

科名：蔷薇科

属名：樱属

特征 Characteristic

灌木，小枝灰棕色。叶片卵状矩圆形、矩圆形或圆状披针形，先端急尖，边缘有锯齿，两面无毛。花叶同放，花型小，数量多，花瓣倒卵形，先端有凹槽。

花期 Flowering

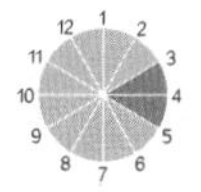

山樱花

Cerasus serrulata

参数 Data

科名：蔷薇科

属名：樱属

特征 Characteristic

乔木，树皮灰褐色。叶长卵圆形，叶表深绿色，叶被淡绿色，两面均无毛。伞房状花序，花梗无毛，花瓣倒卵形，苞片淡绿色。果紫黑色。

花期 Flowering

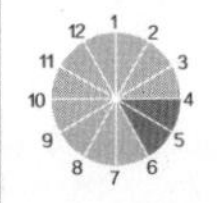

樱桃

Cerasus pseudocerasus

参数 Data

科名：蔷薇科

属名：樱属

特征 Characteristic

乔木，树皮灰白色。叶长圆卵形，叶表暗绿色，近无毛，叶被淡绿色，有疏毛。花先于叶开放，近伞形，花瓣卵圆形，先端微凹。核果近球形。

花期 Flowering

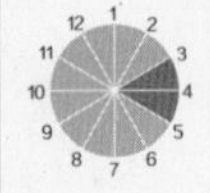

碧冬茄

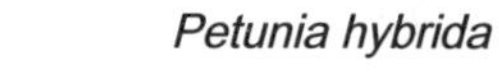

Petunia hybrida

参数 Data

科名：茄科

属名：碧冬茄属

特征 Characteristic

一年生草本，全身生腺毛。叶片卵形，近无叶柄。花单生于叶腋，颜色丰富，形状多样，花柱稍超过雄蕊。蒴果圆锥状，种子极小。

花期 Flowering

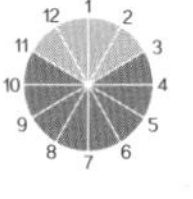

鸳鸯茉莉

Brunfelsia acuminata

参数 Data

科名：茄科

属名：番茉莉属

特征 Characteristic

灌木，茎皮深褐色。叶表绿色，叶背黄绿色，长披针椭圆形，叶缘略带波皱。花先紫色后褪为白色，有浓郁的香味，花瓣锯齿明显。

花期 Flowering

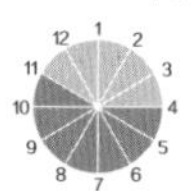

球根海棠

Begonia tubehybrida

参数 Data

科名：秋海棠科

属名：秋海棠属

特征 Characteristic

多年生块茎草本，肉质茎有毛，直立或散铺。叶互生，叶缘有齿形和缘毛，先端尖锐。花梗腋生，颜色多样，花瓣有单瓣、半重瓣和重瓣之分。

花期 Flowering

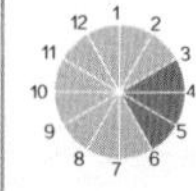

粉团

Viburnum plicatum

参数 Data

科名：忍冬科

属名：荚蒾属

特征 Characteristic

落叶灌木，二年生小枝灰黑色。叶宽卵形或倒卵形，叶缘有锯齿，先端圆或尖。聚伞状花序呈球形，总花梗稍带棱角，萼齿卵形，先端钝圆。

花期 Flowering

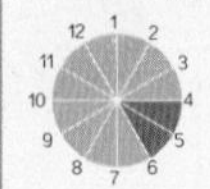

香荚蒾

Viburnum farreri

参数 Data

科名：忍冬科

属名：荚蒾属

特征 Characteristic

落叶灌木，二年小枝红褐色。叶片绿色，椭圆形，先端锐尖，边缘有锯齿。花颜色丰富，多数聚合成球状顶生，先于叶开放，有香味，花丝近无。

花期 Flowering

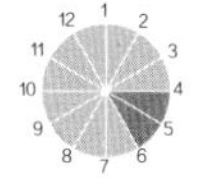

接骨草

Sambucus chinensis

参数 Data

科名：忍冬科

属名：接骨木属

特征 Characteristic

落叶灌木或小乔木。叶对生或互生，狭卵形，叶缘有细锯齿，先端渐尖。圆锥状花序顶生，花黄白色，花小，花药黄色或紫色。果实红色。

花期 Flowering

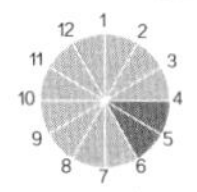

锦带花

Weigela florida

参数 Data

科名：忍冬科

属名：锦带花属

特征 Characteristic

落叶灌木，树皮灰色。叶片绿色，椭圆形，边缘有锯齿，先端渐尖，两面有柔毛。花单生或呈聚伞状花序生于侧生短枝的叶腋或枝顶；花瓣长卵圆形，向外展开呈喇叭状。

花期 Flowering

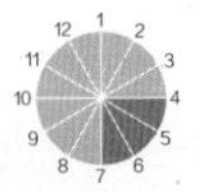

大花六道木

Abelia × grandiflora

参数 Data

科名：忍冬科

属名：六道木属

特征 Characteristic

落叶灌木，幼枝有硬毛。叶矩圆状披针形，先端尖，叶缘无锯齿或有疏齿，两面有疏毛。花生于叶腋，花梗有被毛，花呈杯状，下垂。

花期 Flowering

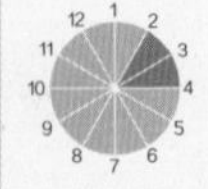

大花忍冬

Lonicera macrantha

参数 Data

科名：忍冬科

属名：忍冬属

特征 Characteristic

半常绿藤本，小枝红褐色。叶绿色，卵形至圆形，叶缘有糙毛，先端渐尖。花先白色后变黄，花瓣长椭圆形，向外卷，花柱超出花冠。果实黑色。

花期 Flowering

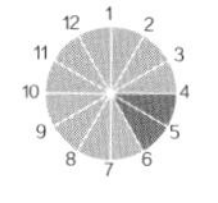

华南忍冬

Lonicera confusa

参数 Data

科名：忍冬科

属名：忍冬属

特征 Characteristic

半常绿藤本，枝矩圆状。叶卵形，先端渐尖，叶缘无锯齿。花白色或黄色，带香味，小苞片圆卵形，顶端圆钝，开放时向外卷。果实黑色。

花期 Flowering

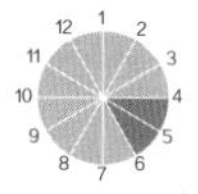

双盾木

Dipelta floribunda

参数 Data

科名：忍冬科

属名：双盾木属

特征 Characteristic

落叶灌木或小乔木，枝初期有腺毛，后脱落变光滑，树皮有脱落现象。叶片卵状披针形，先端渐尖，叶缘无锯齿。聚伞状花序生于侧生短枝顶端叶腋，苞片条形。

花期 Flowering

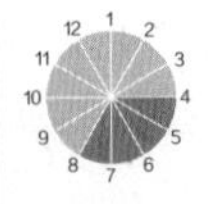

结香

Edgeworthia chrysantha 

参数 Data

科名：瑞香科

属名：结香属

特征 Characteristic

灌木，小枝常三歧。叶椭圆状长圆形，全缘。头状花序上有30~50朵花，总苞具长毛而早落，花萼裂片卵形，和雄蕊对生。

花期 Flowering

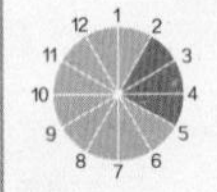

瑞香

Daphne odora

参数 Data

科名：瑞香科

属名：瑞香属

特征 Characteristic

常绿灌木，枝粗壮，圆柱形。叶互生，长椭圆形，上面绿色，下面淡绿色，两面无毛。花淡紫色，无毛，数朵组成顶生头状花序，苞片披针形。

花期 Flowering

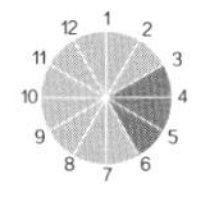

芫花

Daphne genkwa

参数 Data

科名：瑞香科

属名：瑞香属

特征 Characteristic

落叶灌木，树皮褐色。叶对生，卵状披针形，叶表绿色，叶背淡绿色，有柔毛。花3~6朵簇生于叶腋，先叶开放，花药黄色，卵状椭圆形。

花期 Flowering

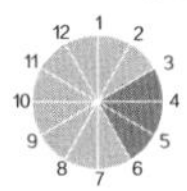

蕺菜
Houttuynia cordata

参数 Data

科名：三白草科
属名：蕺菜属

特征 Characteristic

多年生草本。叶阔卵形，先端尖，基部心形，两面在叶脉处有毛。花生于叶腋，花梗长，花瓣白色，顶端圆钝。

花期 Flowering

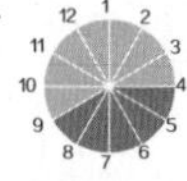

紫茎
Stewartia sinensis

参数 Data

科名：山茶科
属名：紫茎属

特征 Characteristic

小乔木，树皮灰黄色。叶片椭圆形，纸质，边缘有粗锯齿。花单生，单瓣，萼片5，长卵形，基部连生，花瓣阔卵形。蒴果卵圆形，种子有窄翅。

花期 Flowering

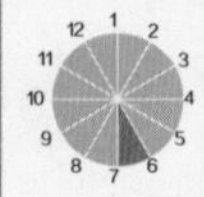

大头茶

Gordonia axillaris

参数 Data

科名：山茶科

属名：大头茶属

特征 Characteristic

乔木，幼枝粗壮。叶倒披针形，先端短尖，叶缘上部有锯齿，下部平滑，稍外卷。花生于枝顶叶腋，花瓣5片，阔倒卵形，花柱有绢毛。

花期 Flowering

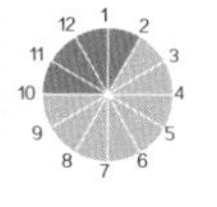

茶梅

Camellia sasanqua

参数 Data

科名：山茶科

属名：山茶属

特征 Characteristic

小乔木，小枝上有毛。叶片革质，椭圆形，叶缘有细锯齿。花单朵腋生或顶生，花苞6枚，萼片各6片，有毛，花瓣6片，宽倒卵形，近离生。

花期 Flowering

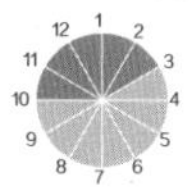

山茶

Camellia japonica

参数 Data

科名：山茶科

属名：山茶属

特征 Characteristic

灌木或小乔木，枝条无毛。叶片革质，发亮，椭圆形，叶缘有锯齿。花单朵顶生，杯状苞被半圆形，外层花瓣离生，内层花瓣倒卵形。

花期 Flowering

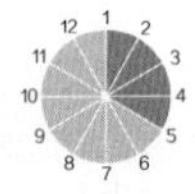

白檀

Symplocos paniculata

参数 Data

科名：山矾科

属名：山矾属

特征 Characteristic

落叶灌木或小乔木，老枝无毛。叶阔倒卵形，先端渐尖，叶缘有细锯齿，叶背中脉突出。圆锥花序生于叶腋。熟果蓝色。

花期 Flowering

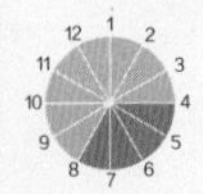

醉蝶花

Cleome spinosa

参数 Data

科名：山柑科
属名：白花菜属

特征 Characteristic

一年生草本，有托叶刺，全株有臭味。叶椭圆披针形，先端渐尖，两面有毛。花聚合顶生，花瓣卵圆形，多数为玫瑰紫色，有少见白色。

花期 Flowering

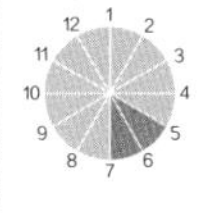

红瑞木

Swida alba

参数 Data

科名：山茱萸科
属名：梾木属

特征 Characteristic

灌木，树皮红紫色，幼枝有柔毛。叶对生，椭圆形，先端渐尖，叶缘平滑。伞房状聚伞形花序，生于枝顶或叶腋，花瓣椭圆形。

花期 Flowering

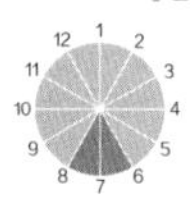

四照花

Dendrobenthamia japonica var. *chinensis*

参数 Data

科名：山茱萸科

属名：四照花属

特征 Characteristic

落叶小乔木，小枝灰褐色。叶对生，卵状椭圆形，先端尖，叶表光滑。花顶生，型大，花瓣4片，卵圆形，先端尖或圆钝。

花期 Flowering

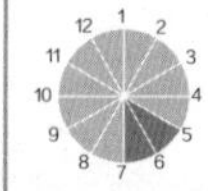

桂竹香

Cheiranthus cheiri

参数 Data

科名：十字花科

属名：桂竹香属

特征 Characteristic

多年生草本，茎直立状。叶披针形，叶缘稍带小齿或光滑，先端急尖。总状花序，花瓣4片，倒卵形，颜色多偏暖色系，花柱短。

花期 Flowering

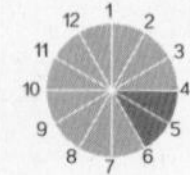

屈曲花

Iberis amara

参数 Data

科名：十字花科

属名：屈曲花属

特征 Characteristic

一年生直立草本，茎有棱，棱上有毛。下部茎生叶匙形，全缘；上部茎生叶披针形，叶缘具疏齿。总状花序顶生，萼片和花瓣倒卵形。果有翅，裂瓣有横纹。

花期 Flowering

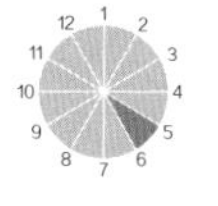

糖芥

Erysimum bungei

参数 Data

科名：十字花科

属名：糖芥属

特征 Characteristic

一年或二年生直立草本，上部分枝。叶片长圆状披针形，基生叶全缘，茎上部叶的基部稍抱茎，叶缘具波状齿。总状花序顶生，多花，萼片长圆形，花瓣倒披针形，雄蕊伸出。

花期 Flowering

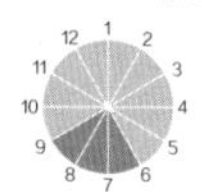

香雪球

Lobularia maritima

参数 Data

科名：十字花科

属名：香雪球属

特征 Characteristic

多年生草本。叶条形，叶缘无锯齿。花多数密集呈伞房状花序，花瓣长圆形，先端钝圆，花梗丝状。果椭圆形，果柄斜向上展。

花期 Flowering

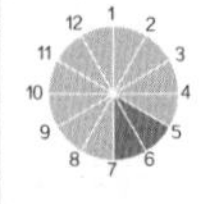

芸苔

Brassica campestris

参数 Data

科名：十字花科

属名：芸苔属

特征 Characteristic

二年生草本，通干笔直。茎圆柱形，叶互生，无托叶。总状花序，花黄色，有浓郁香味，花瓣4片，呈十字形。

花期 Flowering

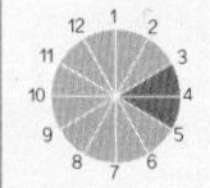

紫罗兰

Matthiola incana

参数 Data

科名：十字花科

属名：紫罗兰属

特征 Characteristic

二年生或多年生草本，茎直立，多分枝。叶匙形或长椭圆形，全缘，先端短尖。花顶生或腋生，数量多，花梗粗壮，花瓣长椭圆形，微向内卷。

花期 Flowering

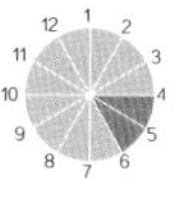

粉蝶花

Nemophila menziesii

参数 Data

科名：水叶草科

属名：粉蝶花属

特征 Characteristic

一年生草本，对生鳞叶。花色特别，中心处为白色，向上变为蓝色，或花瓣边缘为白色，中心处散布黑点。

花期 Flowering

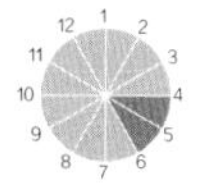

垂笑君子兰

Clivia nobilis

参数 Data

科名：石蒜科

属名：君子兰属

特征 Characteristic

多年生草本，根灰白色。叶基部生长，深绿色，有光泽，先端尖，叶缘粗糙。伞形花序顶生，多花，开花时花稍下垂；花瓣狭漏斗形，先端稍尖或圆钝。

花期 Flowering

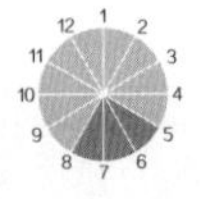

葱莲

Zephyranthes candida

参数 Data

科名：石蒜科

属名：葱莲属

特征 Characteristic

多年生草本。叶基部丛生，线形，肥厚，叶表光滑无毛。花单生顶部，花茎空心，花瓣6片，长披针形，先端尖，边缘稍向内卷。

花期 Flowering

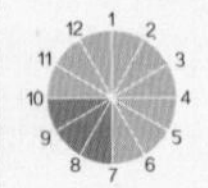

忽地笑

Lycoris aurea

参数 Data

科名：石蒜科

属名：石蒜属

特征 Characteristic

多年生草本，鳞茎卵形。叶剑形，先端尖，中间色带明显，颜色偏浅。花顶生，苞片披针形，花被倒披针形，花丝黄色。蒴果具三棱。

花期 Flowering

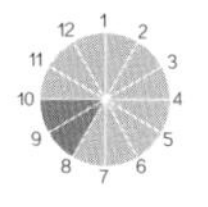

换锦花

Lycoris sprengeri

参数 Data

科名：石蒜科

属名：石蒜属

特征 Characteristic

多年生草本。叶绿色，带状，先端钝，叶缘平滑，多数簇生。聚伞状花序顶生，花瓣4~6片，向外微卷，呈喇叭状。

花期 Flowering

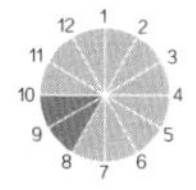

黄水仙

Narcissus pseudonarcissus

参数 Data

科名：石蒜科

属名：水仙属

特征 Characteristic

多年生草本，鳞茎卵圆形。叶片直立向上，宽线形，先端尖。花茎长，花单生于茎顶，花被管倒圆锥形，花被裂片长圆形。

花期 Flowering

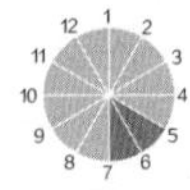

韭莲

Zephyranthes grandiflora

参数 Data

科名：石蒜科

属名：葱莲属

特征 Characteristic

多年生草本，鳞茎卵球状。叶数片簇生，线形，扁平，先端尖，叶缘平滑。花单生于茎顶，花瓣6片，倒卵形，先端尖。

花期 Flowering

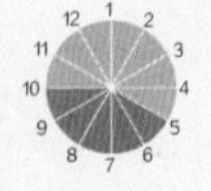

君子兰

Clivia miniata

参数 Data

科名：石蒜科

属名：君子兰属

特征 Characteristic

多年生草本，肉质根。叶片由根部生出，似剑形，深绿色，有光泽，顶端圆润。花顶生，呈漏斗状，花瓣长椭圆形，先端微向外弯。

花期 Flowering

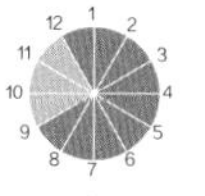

石蒜

Lycoris radiata

参数 Data

科名：石蒜科

属名：石蒜属

特征 Characteristic

多年生草本，鳞茎球形。叶狭带状，顶端钝，深绿色，中间有粉绿色带。花顶生，呈伞房状花序，苞片披针形，花被裂片披针形，向外弯，边缘皱波状。

花期 Flowering

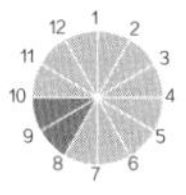

水仙

Narcissus tazetta var. Chinensis

参数 Data

科名：石蒜科

属名：水仙属

特征 Characteristic

多年生草本，根乳白色，茎盘上生。鳞茎卵圆形，外有一层薄膜。叶粉绿色，先端钝。花由叶丛而生，呈喇叭状，花瓣向外张开。

花期 Flowering

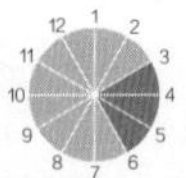

晚香玉

Polianthes tuberosa

参数 Data

科名：石蒜科

属名：晚香玉属

特征 Characteristic

多年生草本，茎直立。叶基部簇生，条形，先端尖，叶缘平滑。花聚集顶部，由上向下陆续开放，长圆状披针形，有芳香，夜晚香味更浓郁，有“夜来香”之称。

花期 Flowering

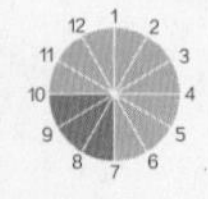

文殊兰

Crinum asiaticum var. *sinicum*

参数 Data

科名：石蒜科

属名：文殊兰属

特征 Characteristic

多年生草本，茎长圆柱形。叶条带状披针形，先端渐尖，叶缘呈波浪状无锯齿。花顶生，芳香，花茎笔直，花瓣狭长条状，向外弯曲开放。

花期 Flowering

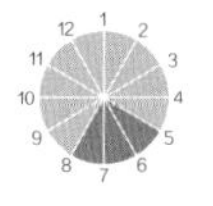

仙茅

Curculigo orchioides

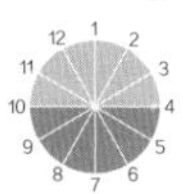

参数 Data

科名：石蒜科

属名：仙茅属

特征 Characteristic

多年生草本，根状茎直立生长。叶披针形，顶端尖，叶片两面有疏毛或无毛。花苞片披针形，花瓣5~6片，长椭圆状，先端尖，花茎极短。

花期 Flowering

朱顶红

Hippeastrum rutilum

参数 Data

科名：石蒜科

属名：朱顶红属

特征 Characteristic

多年生草本，鳞茎近球形。叶条带状，先端圆钝或稍尖，叶缘平滑。花顶生，花梗弯曲，花瓣长卵圆形，先端圆钝或稍尖，花丝红色。

花期 Flowering

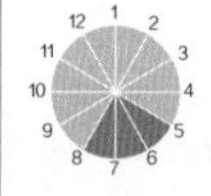

肥皂草

Saponaria officinalis

参数 Data

科名：石竹科

属名：肥皂草属

特征 Characteristic

多年生草本，根茎多分枝。叶椭圆披针形，顶端急尖，叶缘粗糙，两面无毛。花聚合生于顶部，花瓣楔状倒卵形，顶端圆钝或稍有凹口。

花期 Flowering

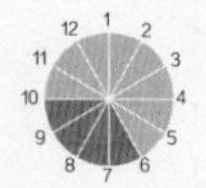

剪春罗

Lychnis coronata

参数 Data

科名：石竹科

属名：剪秋罗属

特征 Characteristic

多年生草本，全株近无毛。叶片椭圆形倒卵状，先端尖，叶对生，两面无毛。花腋生，花梗极短，苞片披针形，有缘毛。蒴果长椭圆形。

花期 Flowering

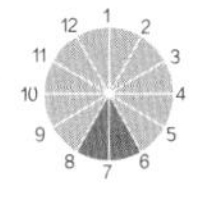

剪秋罗

Lychnis fulgens

参数 Data

科名：石竹科

属名：剪秋罗属

特征 Characteristic

多年生草本，全株有柔毛。根纺锤状，茎直立。叶片卵状披针形，顶端渐尖，有细毛。花顶生或生于叶腋，花瓣由先端分裂至中部呈狭线形。

花期 Flowering

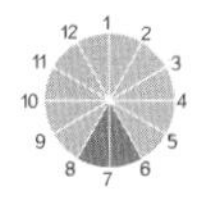

圆锥石头花

Gypsophila paniculata

参数 Data

科名：石竹科

属名：石头花属

特征 Characteristic

多年生草本，根粗壮。叶披针形，顶端渐尖，叶缘平滑，有明显的中脉。圆锥状聚伞形花序，花型小，数量多，花瓣匙形，顶端圆钝。

花期 Flowering

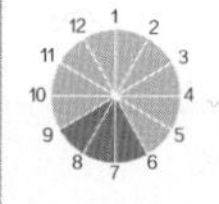

瞿麦

Dianthus superbus

参数 Data

科名：石竹科

属名：石竹属

特征 Characteristic

多年生草本，茎直立丛生。叶披针线形，先端急尖，叶缘平滑。花顶生，花瓣由先端开裂呈卷曲丝状，瓣片宽倒卵形。

花期 Flowering

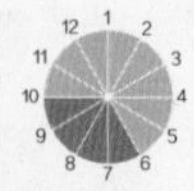

石竹

Dianthus chinensis

参数 Data

科名：石竹科

属名：石竹属

特征 Characteristic

多年生草本，全株无毛。叶对生，线状披针形，顶端渐尖，叶缘有细锯齿，中脉明显。花单生枝端或数花集成聚伞状花序，花瓣倒卵状三角形，先端有不整齐锯齿。

花期 Flowering

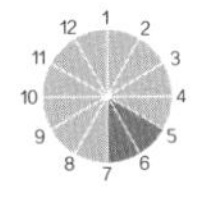

香石竹

Dianthus caryophyllus

参数 Data

科名：石竹科

属名：石竹属

特征 Characteristic

多年生草本，全株无毛。叶披针线形，顶端长尖，中脉明显向下凹。花单生于枝顶，颜色多样，有香味，花瓣倒卵形，先端有不规则锯齿。

花期 Flowering

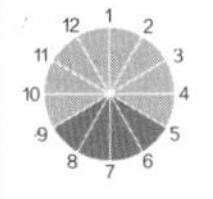

大蔓樱草

Silene pendula

参数 Data

科名：石竹科

属名：蝇子草属

特征 Characteristic

一年或二年生草本，全株有柔毛。叶长卵圆状披针形，先端尖或钝，叶缘平滑。聚伞状花序，花瓣由先端开裂成心形，裂片顶端圆钝。

花期 Flowering

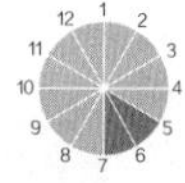

使君子

Quisqualis indica

参数 Data

科名：使君子科

属名：使君子属

特征 Characteristic

落叶藤本，小枝有柔毛。叶对生，长椭圆形，先端尖，基部圆钝，叶背有疏毛。穗状花序顶生，花瓣先端圆钝，初白后淡红。

花期 Flowering

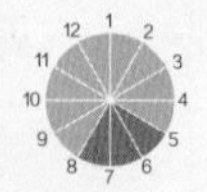

荷花

Nelumbo nucifera

参数 Data

科名：睡莲科

属名：莲属

特征 Characteristic

多年生水生草本，根状茎横生。叶表深绿色，叶背灰绿色，圆形。花有香味，多层花瓣叠生，花瓣椭圆状倒卵形，由外向内渐小。

花期 Flowering

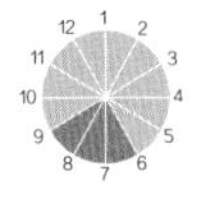

萍蓬草

Nuphar pumilum

参数 Data

科名：睡莲科

属名：萍蓬草属

特征 Characteristic

多年生水生草本，根状茎。叶卵形，先端圆钝，基部呈心形，叶表光亮无毛，叶背有柔毛。花顶生，花梗长，有柔毛，花瓣窄楔形。

花期 Flowering

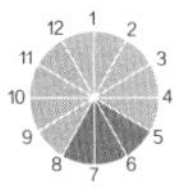

红千层

Callistemon rigidus

参数 Data

科名：桃金娘科

属名：红千层属

特征 Characteristic

小乔木，树皮灰褐色。叶片线形，先端尖锐，中脉在两面凸起，叶柄短。穗状花序顶生，多数丝状聚合，花瓣近卵形。蒴果半球形。

花期 Flowering

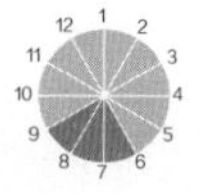

桃金娘

Rhodomyrtus tomentosa

参数 Data

科名：桃金娘科

属名：桃金娘属

特征 Characteristic

灌木，枝有柔毛。叶对生，椭圆形，先端圆钝，叶缘无锯齿，叶表光滑，叶背有茸毛。花单生，花瓣倒卵形，无香味。浆果紫黑色。

花期 Flowering

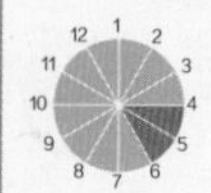

金丝桃

Hypericum monogynum

参数 Data

科名：藤黄科

属名：金丝桃属

特征 Characteristic

灌木，茎红色。叶对生，倒披针形，先端锐尖至圆形，叶缘平坦，叶表绿色，叶背淡绿色。近伞房状花序，花瓣5片，三角状倒卵形。

花期 Flowering

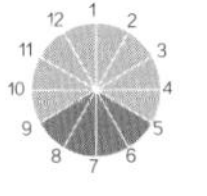

假苹婆

Sterculia lanceolata

参数 Data

科名：梧桐科

属名：苹婆属

特征 Characteristic

乔木，幼枝有被毛。叶绿色，椭圆披针形，先端尖，叶缘无锯齿，叶表光滑无毛。花散生于叶缘，花瓣5片，呈五角星形，有毛。

花期 Flowering

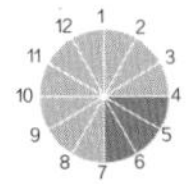

令箭荷花

Nopalxochia ackermannii

参数 Data

科名：仙人掌科

属名：令箭荷花属

特征 Characteristic

多年生草本，直立茎，多分枝。叶剑形，向上直立生长，稍弯，叶缘呈波浪形，叶背有凸出中脉。花开放时间短，单生，花瓣层叠开放，花形大。

花期 Flowering

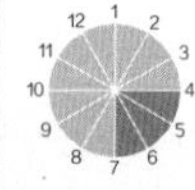

木麒麟

Pereskia aculeata

参数 Data

科名：仙人掌科

属名：木麒麟属

特征 Characteristic

攀援灌木，表皮灰褐色，有纵向裂纹。叶片宽椭圆形，先端急尖，叶缘无锯齿，叶表绿色，叶背绿色至紫色。圆锥状花序生于分枝，有芳香，萼片倒卵形。

花期 Flowering

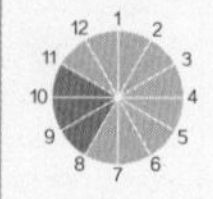

昙花

Epiphyllum oxypetalum

参数 Data

科名：仙人掌科

属名：昙花属

特征 Characteristic

附生肉质灌木，老茎圆柱形。叶披针长圆形，先端急尖或圆钝，叶缘不平滑。花单生，漏斗状，在夜间开放，有芳香，花瓣倒卵状披针形。

花期 Flowering

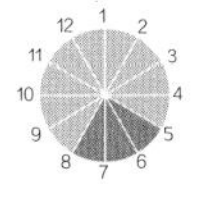

千日红

Gomphrena globosa

参数 Data

科名：苋科

属名：千日红属

特征 Characteristic

一年生草本，茎粗壮，有灰毛。叶长椭圆形，先端尖或圆钝，叶缘波状无锯齿。花顶生呈球形或圆柱形花序，小苞片内面凹陷，先端尖。

花期 Flowering

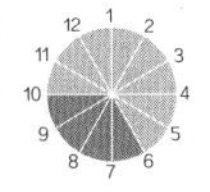

鸡冠花

Celosia cristata

参数 Data

科名：苋科

属名：青葙属

特征 Characteristic

一年生草本，全株无毛。叶互生，先端渐尖，叶表有明显叶脉。花数多，扁平肉质鸡冠状或穗状，无香味，表面羽毛状。种子黑色有光泽。

花期 Flowering

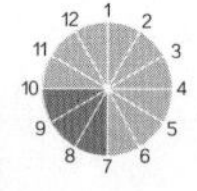

阿拉伯婆婆纳

Veronica persica

参数 Data

科名：玄参科

属名：婆婆纳属

特征 Characteristic

一年生草本，茎密生多柔毛。叶卵形，基部浅心形，边缘具钝锯齿，两面有柔毛。花顶生，花冠蓝色或紫色，花瓣4片，单瓣呈扇形或长椭圆形。

花期 Flowering

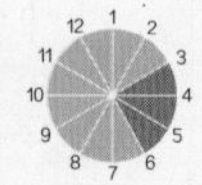

爆仗竹

Russelia equisetiformis

参数 Data

科名：玄参科

属名：爆仗竹属

特征 Characteristic

直立半灌木，茎分枝轮生。叶会退化成披针状鳞片，光滑无毛。花呈管筒状，花瓣开裂成上下两瓣，形似嘴唇，花梗短。

花期 Flowering

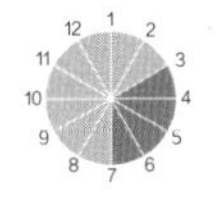

地黄

Rehmannia glutinosa

参数 Data

科名：玄参科

属名：地黄属

特征 Characteristic

多年生草本，根茎肉质肥厚。叶多基生，叶片长椭圆形，叶表绿色，叶背紫红色，叶缘有锯齿。花呈杯状，花瓣基部不分裂，有毛。

花期 Flowering

沟酸浆

Mimulus tenellus

参数 Data

科名：玄参科

属名：沟酸浆属

特征 Characteristic

多年生草本，茎多分枝。叶片卵状三角形，先端急尖，叶缘有锯齿，叶柄长。花呈喇叭状，单生于叶腋，花冠漏斗状，有红色斑点。

花期 Flowering

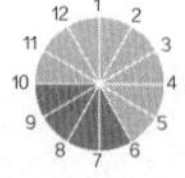

胡麻草

Centranthera cochinchinensis

参数 Data

科名：玄参科

属名：胡麻草属

特征 Characteristic

直立草本。叶对生，披针形，先端尖，叶缘平滑，叶表有明显中脉微向下凹。花单生，花丝被绵毛，花瓣卵圆形，5片。蒴果卵形。

花期 Flowering

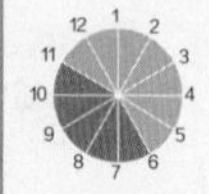

金鱼草

Antirrhinum majus

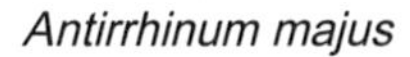

参数 Data

科名：玄参科

属名：金鱼草属

特征 Characteristic

多年生草本，茎基部有分枝。叶片由下向上对生渐变互生，披针状圆形，先端尖，边缘平缓。花聚生于顶端，总状花序，颜色丰富多样，裂片卵形。

花期 Flowering

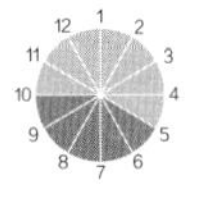

兰猪耳

Torenia fournieri

参数 Data

科名：玄参科

属名：蝴蝶草属

特征 Characteristic

直立草本。叶片长卵形，先端尖，叶缘有锯齿，叶表有明显叶脉，或凸显褶皱。花在枝的顶端排列成总状花序，颜色多样，呈漏斗状，花萼膨大。

花期 Flowering

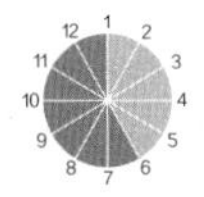

柳穿鱼

Linaria vulgaris

参数 Data

科名：玄参科

属名：柳穿鱼属

特征 Characteristic

多年生草本，茎叶无毛。叶通常互生，条状披针形，先端尖，叶缘无锯齿。花聚生茎顶，花冠黄色，分两唇瓣，上唇长于下唇。

花期 Flowering

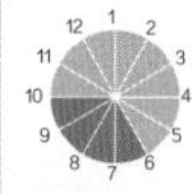

龙面花

Nemesia strumosa

参数 Data

科名：玄参科

属名：龙面花属

特征 Characteristic

一年生草本，多分枝。叶对生，披针形，先端渐尖，叶缘无锯齿。花生于枝顶端，颜色多变，上下两瓣花瓣，一边较大，一边三分裂。

花期 Flowering

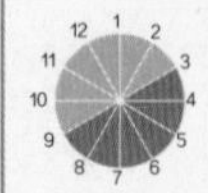

毛地黄

Digitalis purpurea

参数 Data

科名：玄参科
属名：毛地黄属

特征 Characteristic

一年或多年生草本。叶片长椭圆形，先端尖或圆钝，叶缘有圆齿，叶表粗糙。总状花序呈穗形，花萼钟状，内部有斑点，裂片短。

花期 Flowering

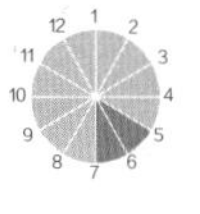

毛麝香

Adenosma glutinosum

参数 Data

科名：玄参科
属名：毛麝香属

特征 Characteristic

直立草本，具分枝。叶片椭圆形或卵状披针形，叶缘有锯齿。花常单朵腋生，或在茎顶密生呈总状花序，苞片叶状，小苞片条形，花萼5深裂，花冠2，唇形，上唇卵圆形，下唇3裂。

花期 Flowering

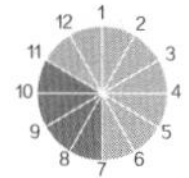

穗花婆婆纳

Veronica spicata

参数 Data

科名：玄参科

属名：婆婆纳属

特征 Characteristic

茎单生或数支丛生，下部常密生伸直的白色长毛，上部至花序各部密生黏质腺毛。叶对生，叶片长矩圆形，顶端急尖。花序长穗状，花冠紫色或蓝色，裂片稍开展，雄蕊略伸出。幼果球状矩圆形。

花期 Flowering

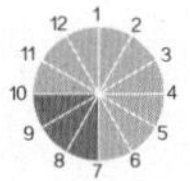

通泉草

Mazus japonicus

参数 Data

科名：玄参科

属名：通泉草属

特征 Characteristic

一年生草本，主根伸长，须根纤细。叶基生，倒卵披针形，叶缘有不规则疏齿，先端钝。总状花序生于茎、枝顶端，花萼呈钟状，花瓣倒卵圆形。

花期 Flowering

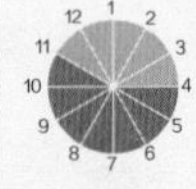

香彩雀

Angelonia salicariifolia

参数 Data

科名：玄参科

属名：香彩雀属

特征 Characteristic

一年生草本，整株被腺毛。叶对生或上部有互生，无叶柄，长披针形，先端尖。花单生于叶腋，花梗细长，花瓣卵圆形。

花期 Flowering

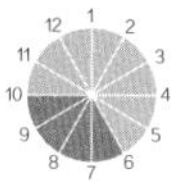

小米草

Euphrasia pectinata

参数 Data

科名：玄参科

属名：小米草属

特征 Characteristic

一年生草本，枝有白色柔毛。叶卵圆形，叶缘有急尖锯齿，两面有毛。花腋生，初期密集，后期疏离，花瓣先端有凹口。

花期 Flowering

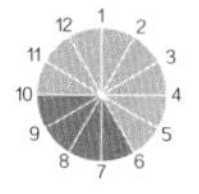

紫苏草

Limnophila aromatica

参数 Data

科名：玄参科
属名：石龙尾属

特征 Characteristic

一年或多年生草本，茎多分枝。叶对生或三枚轮生，卵状披针形，先端尖，叶缘有锯齿。花顶生或腋生，苞片披针形，花冠白色，内有柔毛。

花期 Flowering

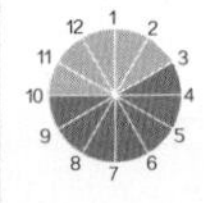

茑萝松

Quamoclit pennata

参数 Data

科名：旋花科
属名：茑萝属

特征 Characteristic

一年生光滑蔓草。叶互生，披针条形，光滑无毛。花呈五角星状，先端尖，花瓣鲜红色，花冠高脚碟状。

花期 Flowering

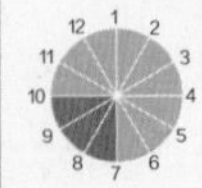

紫竹梅

Setcreasea purpurea

参数 Data

科名：鸭跖草科

属名：紫竹梅属

特征 Characteristic

多年生草本，茎多分枝。叶互生，披针形，先端尖，叶缘无锯齿，叶片紫色。花腋生，单生或2朵聚生，花瓣3片，卵圆状，先端微尖或圆钝。

花期 Flowering

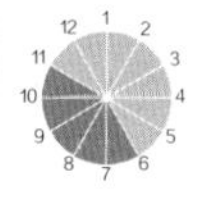

鸭跖草

Commelina communis

参数 Data

科名：鸭跖草科

属名：鸭跖草属

特征 Characteristic

一年生草本，匍匐茎多分枝。叶片披针形，先端尖，叶缘平滑。花与叶对生，花瓣2片，卵圆形，先端稍尖或圆钝，边缘呈浅褶皱状。

花期 Flowering

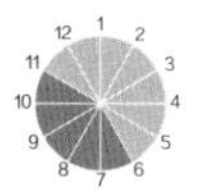

宿根亚麻

Linum perenne

参数 Data

科名：亚麻科

属名：亚麻属

特征 Characteristic

多年生草本，根粗壮。叶互生，细小且多，狭线状披针形，先端尖，叶缘无锯齿。花组成聚伞花序，花瓣5片，花梗纤细。

花期 Flowering

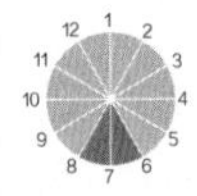

亚麻

Linum usitatissimum

参数 Data

科名：亚麻科

属名：亚麻属

特征 Characteristic

一年生草本，直立茎。叶互生，线状披针形，先端尖，叶缘无锯齿。花单生枝顶或叶腋，聚伞状花序，花瓣5片，卵圆形，先端钝。

花期 Flowering

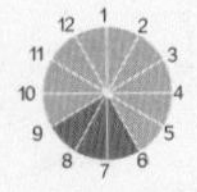

地菍

Melastoma dodecandrum

参数 Data

科名：野牡丹科
属名：野牡丹属

特征 Characteristic

小灌木，茎呈匍匐状。叶椭圆形，先端急尖，叶缘平滑或有细小锯齿，叶表有明显纹脉。花顶生，花瓣5片，卵圆形，中部微向下凹。

花期 Flowering

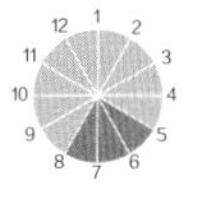

荷包牡丹

Dicentra spectabilis

参数 Data

科名：罂粟科
属名：荷包杜丹属

特征 Characteristic

多年生草本，茎圆柱形，紫红色。叶片绿色，轮廓三角形，叶缘不光滑，先端尖，两面有明显叶脉。花心形，呈吊垂状，排列生于枝上。

花期 Flowering

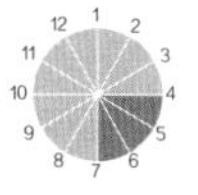

花菱草

Eschscholtzia californica

参数 Data

科名：罂粟科

属名：花菱草属

特征 Characteristic

多年生草本，茎直立。叶灰绿色，分裂呈针形，先端锐尖。花顶生，开放后成杯状，花瓣三角状扇形，先端有细锯齿，花药条形。

花期 Flowering

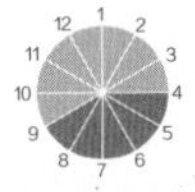

凤眼蓝

Eichhornia crassipes

参数 Data

科名：雨久花科

属名：凤眼蓝属

特征 Characteristic

浮水草本，须根发达，茎极短。叶宽卵形，先端圆钝，叶缘无锯齿，叶表深绿色，光亮无毛。穗状花序，花瓣卵形，顶部花瓣中间有黄色圆斑。

花期 Flowering

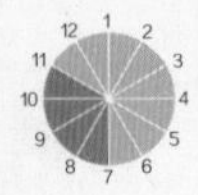

梭鱼草

Pontederia cordata

参数 Data

科名：雨久花科

属名：梭鱼草属

特征 Characteristic

多年生挺水或湿生草本。叶片型大，长椭圆披针状，先端圆钝或尖，叶缘滑。花密集顶生，呈穗状花序，花瓣披针形，上下两瓣各有黄色斑点。

花期 Flowering

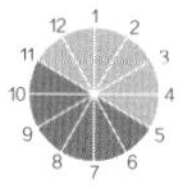

雨久花

Monochoria korsakowii

参数 Data

科名：雨久花科

属名：雨久花属

特征 Characteristic

水生草本，根茎粗壮，全株无毛。叶片卵状心形，先端尖，叶缘无锯齿，叶表光滑。花顶生，有时密生呈圆锥状花序，花瓣长圆形。

花期 Flowering

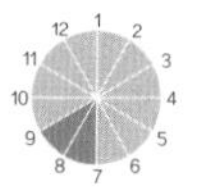

白番红花

Crocus alatavicus

参数 Data

科名：鸢尾科

属名：番红花属

特征 Characteristic

多年生草本，茎球状扁圆形。叶片条形，先端尖，叶缘无锯齿微向内卷。花单生，花瓣6片，卵圆形，先端圆钝或稍尖，半叠状开放。

花期 Flowering

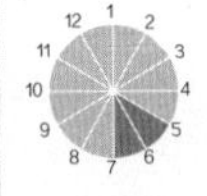

射干

Belamcanda chinensis

参数 Data

科名：鸢尾科

属名：射干属

特征 Characteristic

多年生草本，多须根。叶互生，剑形，先端尖，叶缘平滑，无中脉。花顶生，花序有分枝，花瓣6片，长椭圆形，先端圆钝或微尖，上面有紫褐色斑点。

花期 Flowering

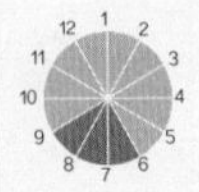

唐菖蒲

Gladiolus gandavensis

参数 Data

科名：鸢尾科

属名：唐菖蒲属

特征 Characteristic

多年生草本，茎球状扁圆形。叶基生，呈剑形，先端尖，边缘无锯齿，中脉突出。花顶生，长穗状花序，无花梗，花茎呈直立状。

花期 Flowering

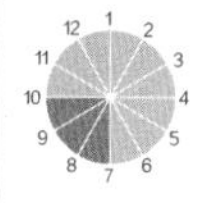

白花马蔺

Iris lactea

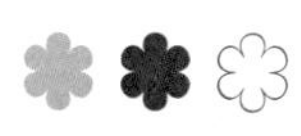

参数 Data

科名：鸢尾科

属名：鸢尾属

特征 Characteristic

多年生草本，根茎粗壮。叶基生，灰绿色，条形，先端尖，叶缘平滑。花顶生，花茎光滑无毛，花瓣倒披针形。蒴果长椭圆状柱形。

花期 Flowering

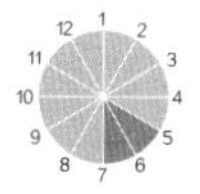

黄菖蒲

Iris pseudacorus

参数 Data

科名：鸢尾科

属名：鸢尾属

特征 Characteristic

多年生草本，生于浅水中。叶基生呈剑形，灰绿色，先端长尖，叶缘平滑。花顶生，花茎粗壮，苞片膜质，披针形，外花被裂片卵圆形。

花期 Flowering

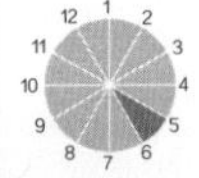

野鸢尾

Iris dichotoma

参数 Data

科名：鸢尾科

属名：鸢尾属

特征 Characteristic

多年生草本，根状茎呈不规则块状，根须发达。叶基生，或花茎叶互生，剑形，两面灰绿色，无明显中脉。花顶生，花瓣卵圆形，先端有缺口。

花期 Flowering

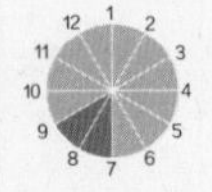